南京水利科学研究院出版基金、国家重点研发计划(项目编号:2022YFC3002902)资助出版

JIYU DUOMOXING JICHENG DE MINJIANG XIAYOU
SHUIWEN YUBAO FANGFA YANJIU

基于多模型集成的闽江下游水文预报方法研究

崔 巍 王 欢 马富明 王 文 温

·南京·

图书在版编目(CIP)数据

基于多模型集成的闽江下游水文预报方法研究 / 崔巍等著. -- 南京 : 河海大学出版社, 2023.12
ISBN 978-7-5630-8779-2

Ⅰ. ①基… Ⅱ. ①崔… Ⅲ. ①闽江－流域－水文预报－研究 Ⅳ. ①P338

中国国家版本馆 CIP 数据核字(2023)第 242059 号

书　　名　基于多模型集成的闽江下游水文预报方法研究
书　　号　ISBN 978-7-5630-8779-2
责任编辑　金　怡
特约校对　张美勤
装帧设计　张育智　吴晨迪
出版发行　河海大学出版社
地　　址　南京市西康路 1 号(邮编:210098)
电　　话　(025)83737852(总编室)　(025)83722833(营销部)
　　　　　(025)83787103(编辑室)
经　　销　江苏省新华发行集团有限公司
排　　版　南京布克文化发展有限公司
印　　刷　广东虎彩云印刷有限公司
开　　本　710 毫米×1000 毫米　1/16
印　　张　9.75
字　　数　171 千字
版　　次　2023 年 12 月第 1 版
印　　次　2023 年 12 月第 1 次印刷
定　　价　68.00 元

前言

Preface

水文预报在洪水、干旱灾害的预防预警工作中扮演着不可或缺的角色，也在水资源开发利用、国民经济建设和国防工作中起着非常重要的作用。通过科学分析方法充分认识与理解流域或地区的水文情势变化情况与原因，是在相关流域或地区开展水文预报研究工作的基础。充分利用已有的降雨径流观测数据，利用现代机器学习算法（如人工神经网络）可以快速建立合理高效的水文预报方案。当前水文模型的模拟效果过于依赖于参数的率定，极大地限制了水文模型在无资料区的应用。而随着现代卫星遥感观测技术的发展，流域相关的地形、土壤和植被等数据变得非常丰富。充分利用这些数据，结合相应的产汇流理论，建立适用于无资料区的水文模型具有重要的科学意义。针对复杂流域，分析其流域情况，建立多模型集成预报方法，对解决复杂流域的水文预报难题具有重要的实际意义与应用价值。

东南沿海地区的闽江下游受潮汐、径流作用，水沙运动非常复杂；同时又受到水利工程建设、涉河建筑工程建设、航道疏浚和河滩围垦等人类活动的强烈影响；且闽江下游边侧小流域的水文观测资料相对较少，大多属于无径流资料区。因此本书在水文情势受气候变化与人类活动影响的环境背景下，针对闽江下游的水文情势特点，研究分析有资料区的神经网络模型预报方法、无资料区的水文模型预报方法与感潮河段的水动力学模型预报方法，提出适用于水文地理条件复杂流域的多模型集成水文预报方案，建立了闽江河口水位模拟与预报系统，以解决水文情势复杂地区的洪水预警预报难题。本书的主要创新性成果如下。

(1) 明确气候变化和人类活动多因素影响下闽江下游水文情势的变化机理。

基于水文过程变化指标、双累积曲线、Mann-Kendall 趋势检验和 Pettitt 突变检验方法对闽江下游流量过程、泥沙变化、河床地形演变及水位变化进行综合分析，考虑降水过程、植被变化、水利工程建设、河道采砂活动等对水文过程的影响，通过归因分析明确了受水利工程建设、植被覆盖条件持续改善的影响，闽江下游的泥沙逐年减少。

（2）提出了分布式地貌单位线模型 TOPGIUH，该模型对模型参数率定工作的依赖程度很低，其在无/缺资料流域获得很好的应用。

以 TOPMODEL 分布式水文模型与地貌瞬时单位线理论为基础，根据植被指数考虑植被在不同季节对产流的时空分布影响来计算截留，基于地形指数分别计算子流域产流，将产流划分为地表径流与壤中流，采用运动波理论计算每个子流域中坡面径流与河道径流的运移时间，进而计算各子流域产流及流域出口断面的汇流地貌单位线，构建了分布式地貌单位线模型 TOPGIUH。相较于一般的分布式水文模型，TOPGIUH 根据 DEM、土壤数据计算来获取模型参数，极大降低了模型模拟效果对模型参数率定工作的依赖程度，在无资料或缺资料流域具有很好的应用效果。

（3）基于 LSTM 神经网络模型、TOPGIUH 模型和 Delft3D 二维水动力模型构建了多模型集成预报方法，对水文情势复杂地区的洪水预警预报工作有着重要价值。

根据实测水文资料情况将闽江下游边侧流域分为有资料区域与无资料区域。在有资料区构建 LSTM(Long Short-Term Memory)神经网络模型，在无资料区构建 TOPGIUH 模型，考虑不同模型的时空尺度差异，将边侧流域径流预报作为水动力学模型的边界入流，并采用全球预报系统(GFS)的降雨预报数值和全球风暴潮预报与信息系统(GLOSSIS)的潮位预报数据作为模型输入构建了多模型集成预报方法，对水文情势复杂地区的洪水预警预报工作有着重要价值。

目录

Contents

第一章

绪论

1.1 研究背景与意义

当今社会经济飞速发展，但随之而来的各种问题也层出不穷，人口增长，环境恶化，各种极端自然灾害频发。其中水问题是现代社会面临的极为重要的问题，水资源供需不平衡、水环境污染、洪水干旱灾害及水资源可持续开发利用中的问题已经成为影响国家水安全，并且制约国民经济发展的严重问题[1]。同时气候变化和人类活动对水文的时空变化过程产生了深远影响，许多地区的河流径流过程以及地貌发育过程因此发生了显著变化。水文学是为了解决各类水问题带来的社会经济损失，对自然界水的分布、运动和变化规律以及水与环境相互作用不断探索研究而发展起来的学科[1]。水文学的历史悠久，源远流长，经历了漫长而缓慢的发展，近代以来才开始形成完整的学科体系并逐渐完善[2]。水文预报是人类为了更好地进行水资源利用与预防洪水干旱灾害，而对水文变量进行预报的技术，自二十世纪以来已经成为全球大部分国家的重要的水文学工程应用业务[3]，为各类水利工程的建设运行提供支持，并在水资源高效利用中发挥重要的作用。水文预报方法发展的过程也就是人们对水文学的认知不断加深的过程[4]。

水文预报系统的数学建模主要包括时间序列分析与随机模拟，根本在于对相关水文变量时间序列特征的重现[5]。水文预报是水文学理论最早的应用之一，根植于水利系统的各类相关工作中[6]，水文预报可以基于纯粹的黑箱模型，如人工神经网络等，无需对基本物理过程进行建模就可以建立输入输出之间的联系；也可以是基于简单的数学元素的概念模型来合适地表现流域内的水文循环过程结构，如线性、非线性水库[7]；或者基于物理定律和理论方程建立复杂系统来控制流域水文过程，如达西定律、运动波方程[8]。水文预报在洪水、干旱灾害的预防预警工作中不可或缺，也在水资源开发利用、国民经济建设和国防工作中发挥着非常重要的作用[9]。而在水文预报发布后，预报结果将在预见期结束后被检验和验证，这就导致了水文预报工作的理论性和应用性都非常强，精度高、时效性强的预报可以助力防洪抗险，为工农业生产安全提供保障，为水资源高效利用与可持续发展提供支撑。

环境变化导致了水文预报面临很多不确定性，对水文水资源乃至社会经济各个方面将产生重大的影响，给水资源的可持续利用带来了很大挑战。例如中国东南沿海地区的闽江发源于福建、浙江、江西三省交界的武夷山脉，闽江河口受潮汐、径流作用，是一个多口入海的分汊型河口，河口外有大型的水下三角洲和拦门沙，受潮汐、河口径流及风暴潮等综合作用，河口附近水沙运动非常复杂[10-12]。特别是 1993 年闽江水口大坝蓄水运行后，改变了闽江下游天然径流及泥沙运动规律，下游泥沙淤积减少是大坝建设后的普遍现象[13,14]。对于像闽江下游流域这样的水文情势复杂地区，进行准确及时的水文预报非常困难。在水文情势受气候变化与人类活动影响的环境背景下，针对闽江下游的水文情势特点，研究分析神经网络模型、水文模型与水动力学模型预报方法，提出适用于水文地理条件复杂流域的水文预报方案，为解决水文情势复杂地区的洪水预警预报难题提供一个新思路，对于流域防洪排涝、防汛抢险、保障城市供水安全、保证航运安全等方面有着重要的理论意义与学术价值，也为实现资源开发和生态环境保护之间的和谐统一提供相应的科学依据。

1.2 国内外研究现状

1.2.1 气候变化与人类活动对水文情势的影响

现阶段气候变化以变暖为主，而水是自然环境中热量交换的主要介质，在全球气候变化中起到非常重要的作用。气候变暖使蒸散发速率变快，加速了自然界的能量传递，导致大气环流和水文循环过程的变化加剧。这导致了地区降水、径流和土壤湿度的时空分布发生变化[15]，湖泊和地下水水位发生改变并影响到水质，从而使洪涝干旱灾害的频率和强度增大，对社会生产活动影响重大[16]。近几十年来，许多国家和组织非常重视全球气候变化对水资源影响的研究[17]。2004 年 Arnell 的研究表明气候变化导致了美国中南部和欧洲一些地区的径流呈减少趋势，而在亚洲东南部径流则有所增加[18]。同样 Chiew 和 McMahon 认为降水的变化对径流的增减具有重要的影响[19]，Wilby 等人认为气候变暖导致了重大洪涝灾害频率增加，加剧了全球水文循环进程[20]。Gosain 等人利用 SWAT 模型评估模拟了气候变化对印度水资源的影响，并得出了在全球变暖的情况下，印度的干旱和洪水灾害将越来越严重的结论[21]。Christensen 等人基于 PCM 气候模拟数据和 VIC 模型分析了气候变化对科罗拉多州水文水资源的影响，并提出如果气候持续变暖，流域水资源将持续下降并对水资源管理产生不利影响[22]。而 Elsner 等人认为华盛顿和哥伦比亚河流域在气候变化条件下的雪水当量、土壤湿度和径流将会显著增加[23]。2015 年中国在巴黎气候大会上发布的《第三次气候变化国家评估报告》[24]中提到，我国年降水量区域差异明显，沿海地区降水量在 1980 年到 2012 年期间以每年 2.9 mm 的速率持续上升。1909 年到 2011 年中国陆地区域平均增温 0.9～1.5℃，近年来有所放缓。我国降水气温增速均高于全球平均水平，在未来中国降水量、气温仍将继续上升，我国仍然是一个易发生极端气候事件与自然灾害的国家。研究气候变化可以对水文水资源系统管理与开发起到积极作用，并为社会经济发展提供帮助[25-27]。陈亚宁等人认为全球变暖情况下我国西北干旱半干旱地区气温与降水都出现了升高现象，并还将处于较高状态，使我国西北干旱区内陆河流的水文水资源的不确定性大大增加[28]。袁飞等利用 VIC 模型对海河流域的研究说明气候变化会导致海河未来水资源非常短缺，并且发生洪水的可能性也有所增加[29]。蔡晓禾对福建省 1961 年至 2006 年的气候变化进行了分析，发现福建省的降雨与气温受气候变暖影响均有所增加[30]。

人类活动对水文的影响更是多方面的，前面讨论的气候变暖的很重要的一个原因就是工业发展导致的各种温室气体排放。而人类对环境的影响不仅仅是在气候变化这一方面，随着科技的发展，人类活动对自然界包括气候、土壤、水文和生物在内的各个方面都产生了深远的影响。这些影响源于人类对自身生存和发展的需求，在人口增加、经济发展的刺激下，人类对自然的改造规模也越来越大。水利工程的建设、跨区域调水引水和土地利用方式的改变等活动是人类影响流域水文循环和水资源时空分布的主要形式。栾兆擎和邓伟指出人类活动对三江平原的径流影响日益增强，也警示随之而来的水问题也将越来越严峻[31]。Buytaert 等人指出了南美洲帕拉莫地区的生活、农业和工业用水以及水力发电等活动严重改变了当地水文状况[32]。当然，人类活动对水文状况的影响是利弊都有的，比如修建各类大坝水库等水利工程是防洪抗旱、解决水资源问题、促进水资源高效开发利用的有效措施，自古以来我国为了国计民生就致力于兴修水利。千年以来，华夏子孙建设了京杭大运河、都江堰、灵渠等著名的水利工程，中华人民共和国成立以后全国各地更是进行大规模的水利建设，水资源事业得到了迅速发展，南水北调、葛洲坝水利枢纽工程、三峡水利枢纽工程等为我国防洪抗旱、水资源可持续开发利用提供了强有力的保障。但是流域的高强度人类活动，尤其是梯级水库的建设，会引起河流径流过程的变化，减少洪峰流量，增加枯水流量[33]。同时还会引起下游河势变化、河床冲刷和河岸侵蚀，造成咸潮入侵、河岸和桥梁损坏等问题[34]。例如，三峡大坝建成后，下游出现了各种显著的变化，如泥沙量减少[35]、河道调整[36]、河床侵蚀[37]、三角洲侵蚀后退[38]、河流湿地和湖泊面积下降[39]等。因此，分析气候变化与人类活动对水文情势产生的影响，充分认识与理解相关流域或地区的水文情势变化情况，对于开展水文研究工作有着极大的帮助。

1.2.2 人工神经网络模型在水文预报中的应用

经验预报方法是现在实际应用最广的水文预报方法，是我国水文预报工作者在长期实践工作中的经验总结和凝练，其在一定的理论基础上辅以大量的实测资料，结合流域特性，具有较高的预报精度。经验预报方法具有计算简单、操作方便、运用灵活且能根据实际情况进行修订等特点[40]。考虑前期降雨量的降雨径流经验相关法（Antecedent Precipitation Index）[41]、相应水位法与合成流量法等经验预报方法在水位流量关系复杂与受水利工程影响的流域依旧发挥着重要的作用。而随着时间序列数据挖掘技术的飞速发展，越来越多的研究者利用回归分析、聚类分析、人工神经网络、支持向量机、遗传算法、模糊逻辑和粗糙集理论等数据挖掘工具建立降雨径流预报模型来预测未来的水文变量情况[42]。回归分析模型是建立在经验方法的基础上的，用于对因变量和一个或多个自变量组成的时间序列数据建模和分析的方法。回归模型的用途很多，如水文预报、假设检验、水文参数关系建模和水质评价等[43]。聚类分析是将彼此具有很高相似性的数据分到同一类或簇中。时间序列聚类是数据挖掘的一项基础性工作，近年来受到了广泛的关注[44]。支持向量机因具有非常强大的非线性处理能力而在水文领域得到了广泛的应用[45]。人工神经网络因不需要像大多数传统统计方法那样做任何假设就能很好模拟线性与非线性系统，而在科学和工程上得到了广泛的应用。它也是研究降雨径流关系的有力工具，而相应的结果将会为水资源规划和管理领域的决策提供支持。将人工神经网络技术应用于河流洪水预测、水质参数预测、降雨径流过程预测、蒸发等时间序列预测，有助于管理者和决策者针对预报结果作出应对，可以有效避免洪水给人民财产、健康和生态造成危害。与传统方法相比，人工神经网络方法的主要优点是能够进行长期预测且不需要足够的特定背景知识。尽管人工神经网络属于黑箱模型，但近年来，基于人工神经网络的模型在水文科学应用中也有越来越广的趋势，因为相比传统的预报模型，人工神经网络具有更好的性能[46]。如今人工神经网络方法种类繁多，本书主要讨论误差反向传播(BP)神经网络与长短期记忆(LSTM)神经网络。

1986 年 Rumelhart 等提出的误差反向传播(BP)神经网络[47]是目前非常常用的神经网络模型。BP 神经网络结构简单，具有良好的非线性和泛化逼近能力，以及自组织、自适应和容错性特征，自二十世纪九十年代以来就被广泛应用于洪水预报[48,49]及中长期径流预报[50,51]，但是 BP 神经网络也存在一些缺点，如训练速度慢、网络结构难以确定和预测精度低等[52]。而 Elman 提出的循环神经网络(RNN)[53]通过更新将信息传递下去，从而达到记忆时间序列数据状态特征的目的[54]。RNN 在水文预报中的应用包括洪水涨退预测[55]、日值模拟[56]以及次洪预报[57]等方面，Bengio 等[58]人发现 RNN 会出现梯度伴随神经网络层数的加深迅速衰减并接近于 0，从而导致权重无法更新的问题，以及初始化权重太大，误差累积导致神经网络权重快速增长，使神经网络不稳定的问题。

Hochreiter 和 Schmidhuber 在普通 RNN 的基础上，开发了长短期记忆(LSTM)神经网络[59]，在 RNN 隐藏层的神经单元中添加记忆单元，可以控制对时间序列的记忆信息，有效地避免了信息的长期依赖。LSTM 神经网络近几年来在水文预报中非常受重视，Shi 等运用 LSTM 神经网络模型(即 LSTM 模型)进行降雨径流预报，认为其能够较好地获取时空相关性[60]。冯钧和潘飞结合 LSTM 模型和 BP 神经网络模型形成组合预报模型，进行预见期为 12 小时的洪水预报[61]。Tian 等通过比较 LSTM、RNN、回声状态网络、动态时间序列神经网络和 GR4J 模型的日径流预报结果，认为在面积较小的流域中 LSTM

神经网络有更好的预报精度[62]。Kratzert 等在受融雪影响的流域应用 LSTM 模型，认为 LSTM 模型相比于萨克拉门托和 Snow-17 组合模型能够更好地进行降雨径流模拟[63]。许多研究者利用 LSTM 模型在水文预报应用研究中获得了较好的结果，如 Le 等对湄公河的洪水预报[64]，Sahoo 等对印度马哈纳迪河的枯季流量预报[65]。总的来说，神经网络模型在水文预报中的应用研究在现阶段具有非常广阔的前景[66]，如何提高神经网络模型的水文预报精度更是值得关注的问题。

1.2.3 水文模型的发展与应用

水文模型是二十世纪五十年代在各种测量与计算机技术迅猛发展，水文要素相关资料越来越丰富，模型计算能力也突飞猛进的基础上，水文学家开始考虑把整个水文循环过程作为研究对象而提出的概念[67]。现代水文模型一般将流域水文循环拆分为两个部分来考虑，一个是产流过程，另一个则是汇流过程。也正是水文学家对流域产汇流物理机制理解与认识的不同，使二十世纪六七十年代至今形成了丰富多样的水文模型。

1960 年 Linsley 和 Crawford 耦合下渗、单位线等理论建立的 Stanford 模型被认为是最早的概念水文模型[68]。美国萨克拉门托河流预报中心基于 Stanford-Ⅳ模型开发的 Sacramento 模型以土壤水文的贮存、渗透、运移和蒸散发特性为基础，分别计算直接径流、地面径流、壤中流、快速地下水和慢速地下水流量，其中壤中流、快速地下水和慢速地下水采用线性水库模拟，河道汇流采用无因次单位线[69]。日本的菅原正巳提出的 Tank 模型以水箱为计算单元来概化降雨径流过程，且能按照流域水文下垫面特点，可以利用多个并联或串联的水箱来模拟流域出流[70]。而 HBV 模型是由瑞典气象水文局于二十世纪七十年代为了径流模拟和水文预报而开发的一种模拟积雪、融雪、实际蒸散量、土壤水分储存、地下水埋深和径流等机制的降雨径流模型，包含了降雨径流过程中绝大多数重要的过程[71]。我国作为国土面积世界第三的国家，地域广阔，地理环境复杂多样，南方多为湿润、半湿润的气候，北方多为干旱、半干旱气候。因此在学习国外水文模型的基础上，我国针对自身的实际情况建立了相应的流域水文模型，其中最有代表性的成果是河海大学赵人俊团队于 1973 年提出的新安江模型。新安江模型在我国大部分地区得到应用，但由于产流计算采用的蓄满产流模式，因此新安江模型在湿润、半湿润地区具有较高的模拟精度。而对于干旱半干旱地区，针对其包气带厚的特点，赵人俊根据雨强超过土壤下渗率产生地面径流的超渗产流机理构建了陕北模型[72]。后来在新安江模型的基础上，为了弥补其蓄满产流模式的不足，雒文生等认为半干旱半湿润地区影响产流的不仅仅有降雨量和土壤含水量，还有降雨强度和下垫面下渗能力，同时存在超渗与蓄满产流，在此基础上构建了超渗-蓄满兼容模型并取得了较好的应用效果[73]，同样，包为民针对半干旱区构建了考虑蓄满和超渗产流的垂向混合模型[74]。这些模型概化了自然界降水进入流域后到流域出口断面的运动过程，包括降水、蒸散发、截留、下渗过程，地表径流、壤中流、地下径流的产生，与坡面汇流和河网汇流过程，一般称之为概念水文模型。

而早在1969年，Freeze与Harlan就提出了建立基于物理机制的分布式水文模型的蓝图，并阐述了分布式水文模型在未来的发展前景[75]。而水文学研究中针对水文循环中的一环进行研究从而提出相应的物理概念与数学方程，则是组成分布式水文模型的基石。然而受到当时计算机水平与数据资料的限制，分布式水文模型的实践研究并不多，直到二十世纪九十年代，随着计算机计算能力、遥感等观测技术与地理信息系统的快速发展，水文学家开始探究流域水文循环的时空变化规律。分布式水文模型由于其概念更符合流域下垫面复杂和流域水文循环过程时空分布不均的实际情况，更能真实模拟流域水文循环过程。考虑流域空间异质性，将流域离散化，划分更小计算单元的分布式水文模型开始得到广泛关注与发展，这也是现代水文模型发展的必然趋势[76]。

1979年英国Lancaster大学Beven和Kirkby提出了基于地形指数的分布式水文模型TOPMODEL[77]。模型基于变产流源区采用地形指数来描述流域产流沿流域坡面的运动。TOPMODEL具有明确的物理概念，其结构相对简单，需要率定的参数较少，经过40多年的发展，已经成为分布式水文模型的代表，在全球得到了广泛的应用。美国农业部农业研究中心研发的SWAT(Soil and Water Assessment Tool)水文模型是以遥感和地理信息系统数据为基础的模拟水量、泥沙、水质以及杀虫剂的运移和转化过程的分布式水文模型[78]。从最初的SWAT94开始，SWAT的模型结构与功能在不断改进与完善中，有研究者为SWAT开发了一个开源用户界面，使SWAT摆脱了昂贵的ArcGIS环境，并且具有更好的可用性和功能性，有助于SWAT模型的推广[79]。最新的SWAT＋版本完全重构了SWAT模型的源代码，并增加了水库调度功能，新的版本使SWAT模型变得容易维护并且大大增强了SWAT模型的开发潜力[80]。Liang等开发的VIC模型也被称作“可变下渗容量模型”，是一种基于SVATS(Soil Vegetation Atmospheric Transfer Schemes)框架的大尺度分布式水文模型[81]。初始的VIC模型把土壤分成两层(VIC-2L),后来又发展为包含一层10 cm薄层土壤的VIC-3L模型。VIC模型既可考虑能量平衡也可计算水量平衡,且对于流域水文循环中各个过程均有考虑。VIC模型建成以来在全球范围内得到了广泛的应用,如今VIC模型已经发展至第5版(VIC-5),模型的核心物理特性与驱动程序被分离,这样使得VIC模型能够更方便被开发和改进[82]。Lindstrom等人基于HBV模型,在对HBV模型综合分析评价的基础上,将HBV模型改进为能够更加充分利用空间数据、具有更好的物理基础和模拟性能的分布式HBV-96模型[83]。Schellekens等人将HBV模型集成到Wflow分布式水文模型开发平台中,并采用动力波理论替代原有的经验参数汇流计算方法,并且使分布式HBV模型具有更好的可扩展性[84]。

国内也有越来越多学者研究分布式水文模型,1995年沈晓东等人通过分析下垫面参数空间异质性与降雨时空分布对流域径流的影响,提出了基于数字高程模型(DEM)实现产汇流计算的分布式降雨径流模型[85]。郭生练等基于DEM考虑流域地形的空间差异建立了分布式水文物理模型[86]。2006年袁飞利用遥感和地理信息系统技术,在考虑植被物候、根系、生理特性和地表粗糙度对流域水文过程影响的基础上,构建了考虑植被影响的分布式新安江水文模型[87]。2010年陈洋波等以DEM为基础将流域沿水平方向划分为一系列单元,沿垂直方向划分为植被覆盖层、地表层和地下层,然后分别进行蒸散发和产汇流计算,构建了一个名为流溪河模型的分布式水文模型[88]。同年雷晓辉等人集成水文学、数值计算和计算机技术等多学科的先进技术,开发构建了一个集易用性、通用性、可扩展性和高效性于一身的分布式水文模型EasyDHM[89]。这些研究对分布式水文模型在我国的水资源管理及水文预报方面的应用起到了重要的推动作用。

1.2.4 无资料区水文预报与地貌瞬时单位线

水文预报中有一类特殊的问题,那就是无资料地区的水文预报。现存的水文预报理论、模型与经验方法对于无资料地区的水文预报是远远不够的[90]。为此国际水文科学协会于2003年开启为期10年的PUB(Predictions in Ungauged Basins)计划,旨在制定和实施适当的科学方案,以和谐和有效的方式吸引和激励科学界,以期在无资料流域的水文预报方面取得重大进展[91]。PUB的定义是,不通过率定的方式来利用气象、土壤、植被、地理和地貌数据预测或预报无资料或缺资料地区的水文要素状态(径流、地下水、泥沙和营养物等)及其相应的不确定性。但尽管10年间水文学在数据、模型和相关的理论上都获得了长足的进步,但是这些成果基本都是基于有资料区获得的,而对于无资料区的水文预报,PUB计划并没有获得预期的成果,今后仍然有很长的路要走[92]。无资料地区产流计算方法虽然不成熟,但已经提出了很多方法,如单位线法、推理公式法、查参数等值线法、暴雨洪水综合法、尺度分析法、水文比拟法及比较水文学方法等[93]。

而建立水文模型的参数区域化规律是目前无流量观测资料流域水文预报最为常用的方法。参数区域化方法的主要目的是将有资料地区的信息向无资料地区转移,使得水文模型无需率定相应的参数[94,95]。区域化方法是指将与无资料流域距离相近的、物理或气候属性上相似的有资料流域参数作为无资料流域的参数,或者根据有资料流域的信息建立模型参数和流域属性之间的回归方程以获取无资料流域参数的方法[96]。但是随着对降雨径流过程中的各种水文现象的认识不断加深,已有的水文模型的缺陷和不合理性也逐渐被揭露[97,98]。一方面,大多数模型参数具有很大的不确定性,且与可测属性之间没有很强的联系。另一方面,流域上具有代表性的水文特征如土壤水、地下水信息通常具有很强的空间变异性,并且这些特征的测量也比较困难。这两方面因素导致模型参数区域化的研究很难进行[99,100]。同时,已有水文模型的应用一般需要实测的洪水数据来率定相关的模型参数,这也是导致无资料地区水文预报工作难以展开的重要因素。然而即便是率定之后的水文模型也不能充分代表真实的流域降雨径流过程[101,102]。

虽然无资料地区没有或缺少实测水文资料,但是随着科学技术的发展,尤其是遥感与信息技术的发展,可以比较容易地获取数字高程模型(DEM)、植被覆盖、植被指数(NDVI)、土壤数据等下垫面信息。充分利用这些数据来构建水文模型,准确描述流域降雨径流形成过程,提高水文模型模拟水文过程的能力,是解决无资料区水文预报问题的重要方向。其中有一个很重要的方法就是通过观测地貌信息来计算流域单位线,即地貌瞬时单位线,这是因为流域水文过程与地形地貌之间存在着密不可分的联系,水文学家与地貌学家通过不懈努力确定流域降雨径流响应过程与流域地形地貌特征的影响关系。

单位线是指流域上时空分布均匀的单位降水在流域出口断面形成的径流过程,当降雨历时无限小时,此时将流域出口断面的径流过程称为瞬时单位线(IUH)。Nash和Dooge用线性水库和线性河道的概念建立了相应的瞬时单位线,但是这种单位线的参数需要足够的降雨径流数据来率定,这与流域地貌显然没有明显的系统联系[103,104]。但这也从另一方面说明瞬时单位线的本质可以看作流域对单位净雨量的响应特征,理论上可以通过给定地貌特征和水力学参数来替代历史降雨径流资料以确定流域瞬时单位线。Wooding 在假设降雨强度恒定的基础上,利用运动波理论对径流过程进行了预报[105]。Rodriguez-iturbe 和 Valdes 利用河流地貌分级信息计算瞬时单位线,是无资料区径流模拟的重大进展,也开启了地貌单位线研究[106]。Gupta 等认为流域符合霍顿河流地貌定律并且流域瞬时单位线可以转化为流域内水分微粒转移时间的概率密度函数[107]。Rodriguez-iturbe 等提出了一个地貌气候单位线(GcIUH)来连接流域内的气候、地貌结构和水文响应,单位线的形状受到降雨强度的影响[108,109]。Sorman 利用地貌瞬时单位线对沙特阿拉伯无资料流域的洪峰流量和峰现时间进行了估算,为当地干旱气候条件下的水资源管理与规划提供了参考依据[110]。Al-turbak 提出了一个基于物理入渗量的地貌气候模型,可以根据流域的形态特征和暴雨信息比较准确地计算洪峰流量和峰现时间[111]。Lee 和 Yen 认为应用地貌瞬时单位线的困难之处就在于径流运移时间的确定,并基于运动波理论分别计算了流域内径流的坡面和河道运移时间,由此获得的单位线是净雨强度的函数[112]。Lee 和 Chang 考虑山坡上地表径流和地下径流汇流过程的性质有着很大的不同,改进了基于运动波计算的地貌单位线,用运动波计算地表径流时间,用达西定律计算地下径流时间,从而建立了考虑地表地下径流的地貌单位线[113]。Sabzevari 等在 Lee 和 Chang 的研究基础上,用根据降水和土壤划分饱和、非饱和区的方法来替代固定比例法,并且改进了径流过程线的卷积计算方式[114]。Zhang 和 Govindaraju 将地貌特征融入神经网络并构建了一个地貌神经网络模型用来估算净雨造成的流域直接径流[115],这是与 Lee 和 Yen 的研究完全不同的另一种思路。

国内对地貌瞬时单位线也进行了一些研究。芮孝芳和石朋等通过 DEM 计算 Nash 单位线的参数[116,117]。芮孝芳基于 DEM 应用概率学知识建立了由雨滴流路长度和速度概率分布函数确定流域瞬时单位线的方法[118]。董爱红提出了基于随机地貌气候单位线理论的流域洪水预报简算方法[119]。孔凡哲等将基于空间分布流速场的单位线应用于长江流域三峡库区内沿渡河流域的降雨径流模拟,模拟精度较高,如果能确定流速与流域地形因素间的定量关系,将在无资料地区拥有较高实用性[120]。宋小军将地貌单位线模型应用于山西省安泽县沁河 10 个小流域的山洪预报中,展现出来较高的预报精度[121]。童冰星等通过 DEM 数据提取流域水系获取地貌单位线,并在陈河流域进行了洪水模拟，与新安江模型计算结果相比，发现基于地貌单位线的汇流模型具有较好的模拟精度[122]。董丰成等建立了最高级河长和最高级河流坡度与流域平均流速的经验关系，为地貌单位线的计算提供了较为简单的方法[123]。可以说，地貌瞬时单位线方法是解决无资料区水文预报问题最具潜力的手段。

1.2.5 感潮河段的水动力学模型水文模拟与预报

由于大量需要估计的参数存在、巨量的数据需求与难以估计的计算消耗，用物理方程对整个复杂水文循环里的每一现象(如截留、下渗、坡面径流和蒸散发)进行建模是非常困难的。因此大部分基于物理基础的水文模型都仅对模型中最为关注的水文过程进行完整的模拟，而其余过程通常都采用简化方法来模拟[124]。

基于牛顿定律建立的水动力学方程是水动力学模型的基础，可以分为理想流体运动方程和黏性流体运动方程，而由于理想流体运动方程在实际应用中并不理想，现代工程应用领域一般都使用 Navier-Stokes 方程来解决相应的问题，但 Navier-Stokes 方程作为千禧年七大数学问题之一，与黎曼猜想、费马大定理、哥德巴赫猜想等全球知名的难题并驾齐驱甚至犹有过之，其求解难度是毋庸置疑的，因此不得不采用一定的假设来简化 Navier-Stokes 方程，其中在水文学中比较常用的就是 Saint-Venant 方程[125]。但是即使是经过简化的 Saint-Venant 方程，实际求解起来也是比较复杂的，所以实际应用中科学家与工程师们对 Saint-Venant 方程也做了许多简化以满足实际计算的需要，如纯经验方法、线性化方法、水文学方法和简化形式的水力学方法。而对于水动力学方程组的求解方法，随着计算机技术的发展，数值解法得到了快速发展，其中常用的有有限差分法、有限元法、特征线法、有限体积法与有限分析法等。

现代水文学越来越关注利用水动力模型对流域洪水进行模拟预报，现在基于各种水力学方程求解形式建立的水动力学模型很多，如美国陆军工程兵团工程水文中心(HEC)开发的河道水力计算模型 HEC-RAS[126]，丹麦水利研究所(Danish Hydraulic Institute)开发的 MIKE 系列软件中的三维水模拟软件[127]，由威廉玛丽大学维吉尼亚海洋科学研究所的 John Hamrick 等人开发的三维地表水水质数学模型 EFDC[128]，由荷兰三角洲研究院(Deltares)开发的二维和三维水动力模型系统 Delft3D 模型[129]。这些模型系统都集水流、泥沙、环境模拟于一体，包括水、水动力、波浪、泥沙、水下地形、水质和水生态计算模块，可以进行二维、三维的水动力及泥沙输移计算等。其中，Delft3D 模型采用了当前最新的水力学、流体力学及数学研究成果,如多机并行计算、交互式输入输出等,可以满足实时业务化系统的计算核心需求。模型的所有功能采用模块化结构,而且代码开放,具有高度的整合性、互操作性和扩展性。Delft3D 在欧美及东南亚地区应用广泛,二十世纪八十年代中期开始成功应用于长江口、杭州湾、渤海湾等河口与近海区域,在地形演变、咸潮上溯、环境评估、航道整治、洪水演进等诸多方面获得了令人满意的成果[130-132]。

入海河流河口位置的水位和流量关系由于受到海洋潮汐作用的影响而被破坏,河道水位不仅受到上游来水流量的影响,还受到海洋潮汐作用的影响。河道内水位较低的时候流量可能比较大,而水位高的时候流量很小甚至逆向上游为负,出现这种现象的河道范围称为潮流区。在潮流区往上的一部分河段,虽然不会出现上述现象,但是水位流量关系仍然很复杂,主要是受到潮流区涨潮水位的顶托影响,这样的河段便是感潮河段。感潮河段既有内陆河流的径流随季节变化的特性,其水位涨落与流速流向又随着潮汐涨落而变化。同时受河道地形的影响,感潮河段的水文情势非常复杂,也导致感潮河段地区的防洪任务异常艰巨[133]。

关于感潮河段的水文预报方法,一直以来发展相对比较缓慢,前文讨论的经验方法与水文模型在感潮河段的水文预报中均有应用[134]。芮孝芳等利用时间序列分析最优控制理论,建立了考虑回水顶托影响的水位过程预报模型,为感潮河段的水位预报提供了一种方案[135]。李国芳等在长江河口采用调和分析法建立了潮汐预报模型,并以大通水文站实测流量为基础建立了实时校正模型,能够较为准确预报长江河口段的水文情势[136]。闻余华等采用多元回归方法建立了南京潮位、大通潮位、吴淞潮位与长江南京站潮位之间的多元回归预报模型[137]。都宏博采用门限回归方法、BP 神经网络方法、线性自回归分析方法与天文潮调和分析方法建立了一个感潮河段水位统计预报模型[138]。黄国如等基于径向基函数神经网络构建了具有多个预见期的感潮河段水位预报模型,并在沂河取得了较好的应用效果[139]。近年来关于支持向量机、神经网络方法等现代机器学习方法在感潮河段的水位预报中的应用研究越来越多[140,141]。

虽然黑箱方法在感潮河段水文预报中已经有了较多的应用研究,但是建立相应的模型需要足够的时间序列数据资料,并且仅能对特定站点断面进行预测,这对现代水文预报来说明显是不够的。而基于水动力学方程建立的水动力学模型对于水文情势复杂的感潮河段也能够进行准确详细的模拟预报,是现阶段在解决感潮河段水位预报问题时非常常见的方法。

1.3 研究内容与技术路线

根据研究背景与国内外研究现状，总结了本书主要关注的3个科学问题，列举如下。

(1) 目前对于径流观测资料丰富的流域，经验方法、水文模型等方法是现阶段比较普遍的水文预报方法，而人工神经网络方法以其良好的非线性和泛化逼近能力，以及其自组织、自适应和容错性等特点，充分利用已有的降雨径流观测数据，能够长期进行水文预测且不需要足够的水文背景知识。利用人工神经网络快速建立合理高效的水文预报方法是当前水文学的研究热点。

(2) 当前无论是集总式水文模型还是分布式水文模型，对降雨径流过程的模拟效果都非常依赖于参数的率定，这极大地限制了水文模型的应用，尤其是对于无资料区的水文预报。针对目前长时间连续的径流观测资料还难以获取，但随着现代卫星遥感观测技术的发展，流域相关的地形、土壤和植被等数据非常丰富的现状，尽可能充分地考虑利用这些数据，结合相应的产汇流理论，建立能够适用于无资料区的水文模型具有重要的科学意义。

(3) 现阶段用于水文预报的模型方法种类繁多，不同模型的数据需求、适用条件也都各不相同。而对于像感潮河流这样的复杂流域，单一的模型往往难以全面准确地描述水文过程。分析其各个子流域的实际情况，有针对性地选用多个预报模型，建立多模型集成预报方法，解决复杂流域的水文预报难题，具有重要的实际意义与应用价值。

围绕上述科学问题，本书选择闽江下游流域为研究对象，在分析闽江下游水文情势变化的基础上，研究有资料区的神经网络模型预报方法，无资料区的水文模型预报方法，以及感潮河段的二维水动力模型预报方法，并综合三种方法建立了闽江下游多模型集成预报方法，以期为水文情势复杂的闽江下游流域的洪水预报预警工作提供科学依据与技术支撑。本书的主要研究内容如下。

(1) 基于水文过程变化指标、双累积曲线、Mann-Kendall趋势检验和Pettitt突变检验方法的水文情势变化分析

基于水文过程变化指标、双累积曲线、Mann-Kendall趋势检验和Pettitt突变检验方法对闽江下游的流量过程与泥沙变化进行分析，通过归因分析法研

究降水、植被、水库建设与河道采砂活动对闽江下游水文情势变化的影响，明确气候变化和人类活动影响下闽江下游水文情势的变化机理，为水文预报相关研究提供依据。

（2）BP 神经网络模型和 LSTM 神经网络模型在水文预报中的应用与对比研究

针对降雨径流过程在不同阶段的响应机制差异与单个神经网络模型在参数优化过程中容易陷入局部最优解的现象，通过对降雨与流量分别设定阈值进行分类训练的模块化建模方法，对模型训练多次建立预报集合后取集合平均值以提高模型模拟精度。并利用 T 时刻的流量预报作为输入，预报 $T+1$ 时刻的流量，以此循环滚动预报方式进行径流预报。最终在福建省渡里流域构建 BP 和 LSTM 神经网络模型进行降雨径流预报研究，并对比两种模型的表现。

（3）基于 TOPMODEL 变动产流源区与瞬时地貌单位线汇流理论的无资料区水文预报方法研究

在 TOPMODEL 与瞬时地貌单位线基础上，综合考虑水文循环中的截留、蒸发、产流、汇流过程构建了分布式地貌单位线模型——TOPGIUH。为了尽可能利用现有的各种来源的数据资料，同时尽量减少需要率定的参数数量，通过搜集分析 DEM、土壤数据来确定模型所需的地形地貌与水文物理参数。在福建省闽清流域、渡里流域与太平口流域进行模拟应用，以此验证 TOPGIUH 模型在无资料或缺资料地区的应用价值。

（4）基于神经网络模型、水文模型与水动力学模型的感潮河段多模型集成水文预报方法研究

基于地形数据与水文特征分析，考虑闽江下游水文情势变化，在闽江下游主河道构建 Delft3D 二维水动力模型。在此基础上考虑神经网络模型、水文模型与水动力学模型的时空尺度差异，提出了以神经网络模型、水文模型预报结果作为二维水动力学模型的边界入流的处理方法，建立了综合神经网络模型、水文模型与水动力学模型的多模型集成预报方法。并基于多模型集成预报方法，以开源 WebGIS 开发工具和数据库技术为支撑，采用 B/S 综合体系结构，建立闽江下游水位预报系统。

研究技术路线见图 1-1。

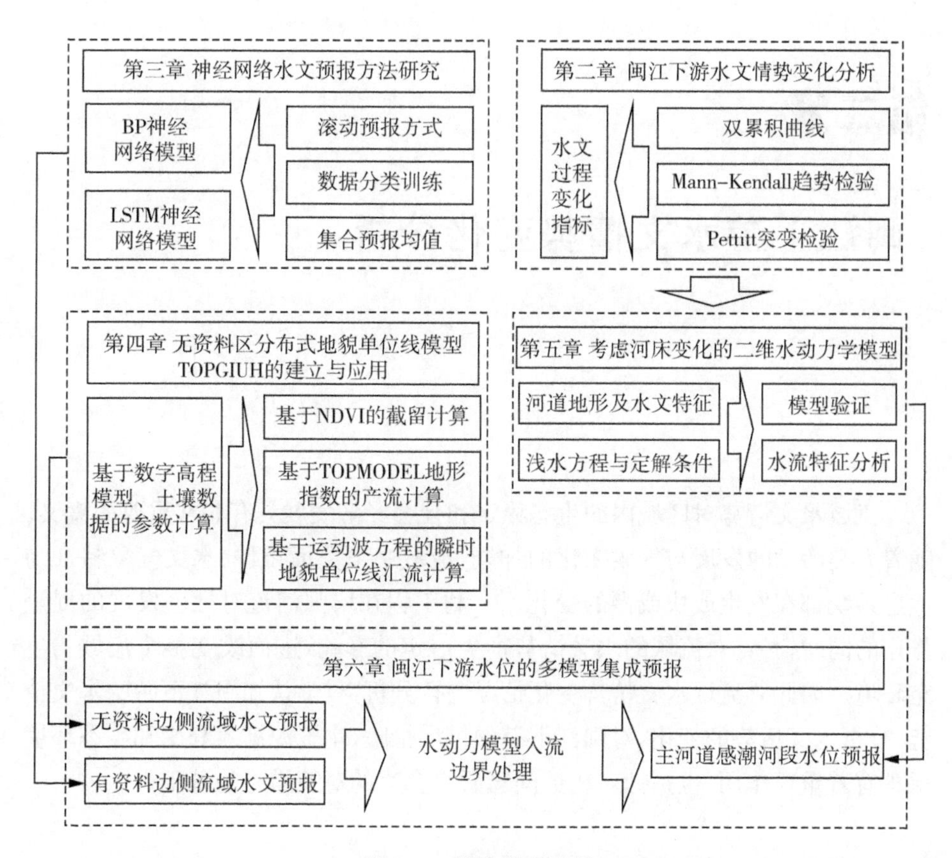
第三章 神经网络水文预报方法研究
BP神经网络模型
LSTM神经网络模型
滚动预报方式
数据分类训练
集合预报均值
第二章 闽江下游水文情势变化分析
水文过程变化指标
双累积曲线
Mann-Kendall趋势检验
Pettitt突变检验
第四章 无资料区分布式地貌单位线模型TOPGIUH的建立与应用
基于数字高程模型、土壤数据的参数计算
基于NDVI的截留计算
基于TOPMODEL地形指数的产流计算
基于运动波方程的瞬时地貌单位线汇流计算
第五章 考虑河床变化的二维水动力学模型
河道地形及水文特征
浅水方程与定解条件
模型验证
水流特征分析
第六章 闽江下游水位的多模型集成预报
无资料边侧流域水文预报
有资料边侧流域水文预报
水动力模型入流边界处理
主河道感潮河段水位预报

图 1-1 研究技术路线

第二章

闽江下游水文情势变化分析

流域水文情势对区域内的生态稳定和社会经济发展具有非常重要的意义。随着人类活动的发展与气候变化的加剧，流域中下垫面条件、水文气象特征与生态系统都在发生或快或慢的变化。水利工程在增强河流对社会发展的促进作用的同时，必定对流域的水文情势产生一定的影响，进而改变整个流域的生态环境。因此对流域水文情势变化情况进行分析，科学认知闽江下游的水文情势，分析水文情势的变化，对闽江下游的抗洪抢险、水资源高效利用和生态环境保护有着重要作用，也是针对相关问题研究合适的对策措施的基础。

2.1 闽江水文特征概况

2.1.1 流域概况

中国东南沿海地区的闽江发源于福建、浙江、江西三省交界的武夷山脉，闽江河口受潮汐、径流作用，是一个多口入海的分汊型河口，河口外有大型的水下三角洲和拦门沙，受潮汐、河口径流及风暴潮等综合作用，河口附近水沙运动非常复杂。闽江流域总面积达 60 995 km^2，地势西北高东南低，河道全长 575 km，平均坡降 5‰。流域处于亚热带季风气候区，气候温暖湿润，多年平均气温约 17～19℃，降水量由上游向下游逐步减少，流域平均年降水量约 1 600～1 700 mm。流域植被覆盖度总体良好。根据 2011 年的 GlobeLand 30 全球 30 m 地表覆盖高分辨率遥感制图产品，流域的 74.5%被森林覆盖。闽江的含沙量很低，总体年均含沙量在 0.14 kg/m^3 以下。

闽江流域上有9座大型水库，分别为池潭水库、安砂水库、古田溪水库、东溪水库、街面水库、水东水库、沙溪口水库、金钟水库和水口水库(见图2-1)。其中水口水库位于闽江河口以上约117 km处，于1987年3月开工建设，1993年3月开始蓄水，是以发电为主，兼顾防洪、航运的大型水库，最大库容26亿 m^3，有效库容7亿 m^3。水库坝址以上流域面积52 438 km^2，占闽江全流域面积的86%，因此水库的蓄水运行对下游的径流、泥沙以及河道冲淤演变具有重大影响。

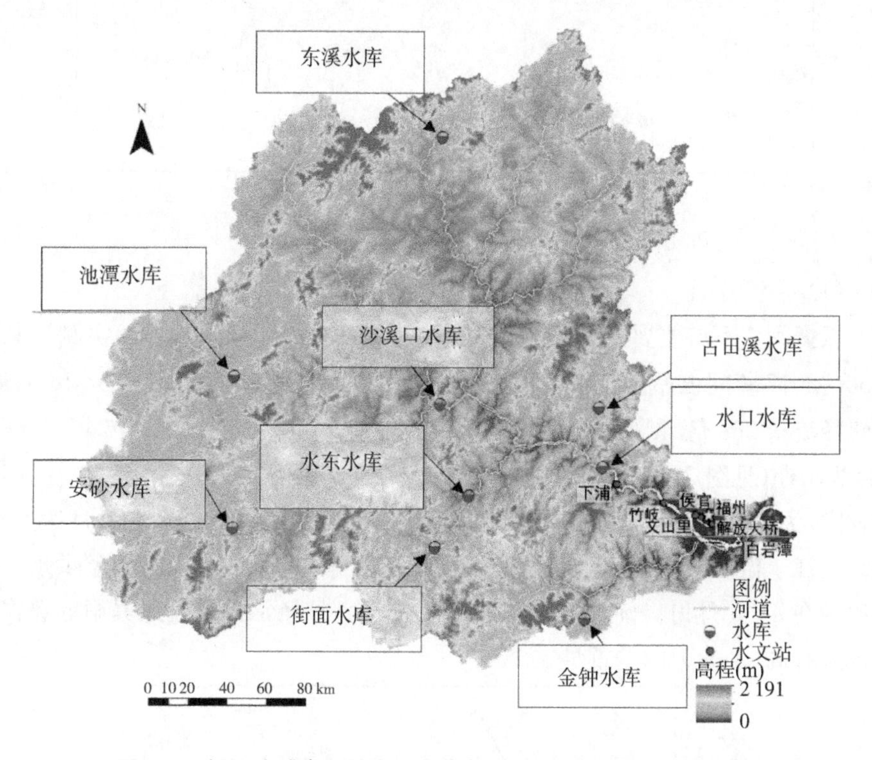

图2-1　闽江流域高程及大型水库与下游干流主要水文测站分布

2.1.2　基本水文特性

闽江流域水口大坝以下的主要水文测量站如图2-2所示。闽江干流水口大坝以下有下浦水位站，水口大坝以下约46 km处是下游干流的最重要水文控制站——竹岐水文站，北港入口有文山里水文站，北港中段有解放大桥水位站，南港入口有科贡水位站(1990年后撤销)，南港出口有峡南水位站，入海口段有白岩潭、梅花、琯头等潮位站。

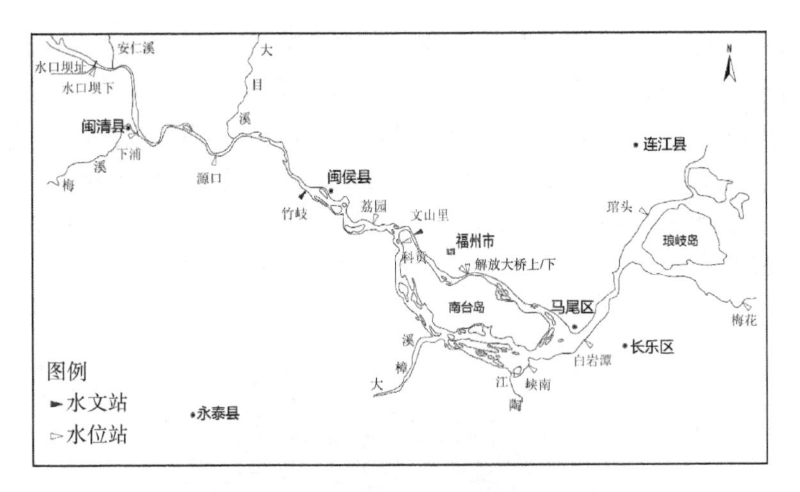

图 2-2　闽江下游主要水文测量站分布图

(1) 径流特征

根据闽江下游主要控制站竹岐站(控制面积约 54 500 km^2)的实测资料，1950—2017 年间该站多年平均径流量约 542 亿 m^3，平均径流深为 995 mm，最小年径流量 268 亿 m^3(1971 年)，最大年径流量为 942.6 亿 m^3(2016 年)。4—9 月为汛期(见图 2-3)，径流约占年径流总量的 75%。最大月径流发生在 6 月份，此时为流域主要汛期。每年 10 月至次年 3 月为低流量季节，在 1 月达到最低。闽江上游多山区河流，春季水量比例大，秋季较少，常形成梅雨型洪水，一般出现在 4—6 月份。闽江下游地区在 7 月至 9 月经常遭受台风暴雨的袭击，造成洪峰高、水量大的严重洪灾。

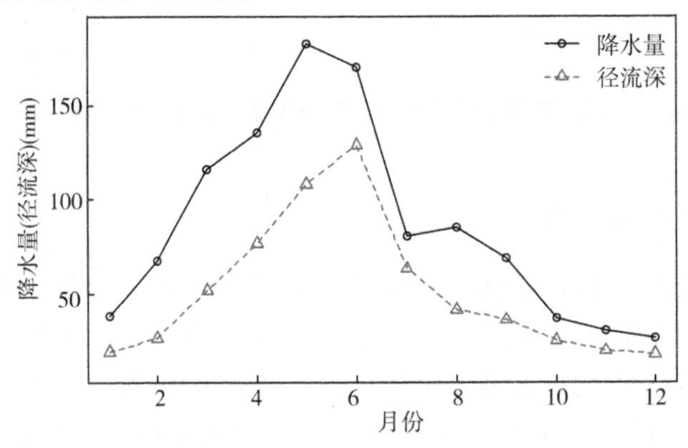

图 2-3　闽江流域多年平均降水量与径流深年内分配特征

(2) 潮汐特征

闽江口潮型为正规半日潮，属于强潮河口，口门处最大潮差达 7.04 m，平均潮差达 4.1 m[142]。由于潮波受地形及径流的影响，尽管河口潮差较大，潮差向上游迅速递减(见表 2-1)。闽江下游的感潮河段较短，约 80 km，潮流界与潮区界较为接近，侯官附近为枯季大潮潮区界，文山里附近为潮流界；解放大桥附近为汛期小潮潮区界，白岩潭附近为潮流界，当竹岐水文站断面流量大于 1 300 m^3/s 时，自罗星塔断面往上便没有潮汐向上推进，潮差也逐渐减小，潮流作用逐渐减弱，相应的涨潮历时也逐渐变短。

表 2-1　河口段沿程多年平均潮差

站名	梅花	琯头	白岩潭	峡南	解放大桥(下)	解放大桥(上)	文山里
距河口(km)	0	11.4	35	46	51.4	51.5	61
平均潮差(m)	4.46	4.10	4.00	3.46	1.78	1.53	0.40

2.2　水文过程变化分析方法

2.2.1　水文过程变化指标

RVA(Range of Variability Approach)方法是 Richter 等提出的通过分析河流水文资料来评价河流受到水利工程的影响程度的方法[143]，主要从河流流量、极值、极值发生时间、高低流量的频率及延时、流量变化率及频率 5 个方面建立了 32 个相关的 IHA(水文变化指标)参数，能够比较详细地反映河流的水文情势变化情况。本书采用其中的年平均流量(MAD)、日平均流量年变异系数(CV)、最小 7 天平均流量(Min7D)、最小流量出现日(距 8 月 1 日)、流量低于 15 百分位数的总日数(N15p)、最大 1 天平均流量(Max1D)、最大流量出现日(距 1 月 1 日)、流量超过 90 百分位数(N90p)的总日数、年悬移质总输沙量(TSS)、年悬移质平均含沙量(MCSS)共计 10 个指标来分析闽江水文情势变化情况。

2.2.2　变化检测方法

2.2.2.1　双累积曲线法

双累积曲线法是用于检验两个变量的变化一致性的常用方法。在 1937 年美国学者 Merriam 就用其来分析流域降雨资料的一致性，后来 Searcy 等人对双累积曲线理论基础作了系统性阐述，并介绍了其在降雨、径流、泥沙量时间序列变化分析中的作用[144]。双累积曲线法就是通过将相同时段内一个变量的累积值与另一个变量累积值的关系曲线绘制在直角坐标系中，用来检验水文气象要素一致性，对缺值进行插补，校正资料，分析水文气象要素的变化趋势及强度。

在绘制双累积曲线时，一般认为两个要素之间有正相关性且观测数据在整个观测期内具有可比性。这样一个变量的连续累积值与另一个变量的连续累积值关系在直角坐标上为一条斜率不变的直线，而直线的斜率表示二者的比例关系。如果双累积曲线的斜率发生改变，则表明其中一个变量的状态发生了改变，斜率突变点对应的年份则是两个变量关系出现变化的时间。

2.2.2.2　Mann-Kendall 趋势检验方法

Mann-Kendall(M-K)检验的目的是统计评估变量随着时间变化是否有单调上升或下降的趋势[145]。单调上升(下降)的趋势意味着该变量随时间增加(减少)，但此趋势可能是、也可能不是线性的[146]。Hirsch 等人表明 M-K 检验最好被视作探索性分析，适合用于识别变化显著或幅度较大的站点，并量化这些结果[147]。

M-K 检验对于水文气象数据具有更加突出的适用性。M-K 检验常用于检测气候变化影响下的降水、干旱频次趋势。M-K 检验不要求数据是正态分布，也不要求变化趋势(如果存在的话)是线性的。如果有缺失值或者值低于一个或多个检测限制，也可以进行 M-K 检验，但检测性能会受到影响。

对于一个有 n 个样本的时间序列 x_1、x_2、…、x_n，计算统计量 S。

$$S=\sum_{j=1}^{n-1}\sum_{k=j+1}^{n}\operatorname{sgn}(x_k-x_j) \tag{2-1}$$

其中，$\operatorname{sgn}(\theta)=\begin{cases}1 & \theta>0\\0 & \theta=0\\-1 & \theta<0\end{cases}$。当 $n>8$ 时，S 接近于正态分布，其均值为 0，方差为：

$$\operatorname{Var}(S)=\frac{n(n-1)(2n+5)}{18} \tag{2-2}$$

由此得到一个服从标准正态分布的 Z 统计量：

$$Z=\begin{cases}\dfrac{(S-1)}{\sqrt{\mathrm{Var}(S)}} & S>0\\ 0 & S=0\\ \dfrac{(S+1)}{\sqrt{\mathrm{Var}(S)}} & S<0\end{cases} \tag{2-3}$$

当 Z 的绝对值 $\geqslant 1.96$，在 0.05 显著性水平检验下该时间序列存在显著趋势。

2.2.2.3　Pettitt 突变检验方法

Pettitt 于 1979 年提出了非参数突变点检验方法[148]，检验时间序列均值是否存在突变并求解突变发生的时间。Pettitt 检验的原假设为序列无突变点。Pettitt 检验的统计量 $K_{t,T}$ 为：

$$K_{t,T}=\max|U_{t,T}|, 1\leq t\leq T \tag{2-4}$$

其中的 $U_{t,T}$ 为 Mann-Whitney 检验量，检验两个样本是否来自同一分布，用下式计算：

$$U_{t,T}=\sum_{i=1}^{t}\sum_{j=i+1}^{T}\mathrm{sgn}(x_i-x_j), t=2,3,\cdots,T \tag{2-5}$$

式中：若 $x_t-x_i>0$，则 $\mathrm{sgn}(x_t-x_i)=1$；若 $x_t-x_i=0$，则 $\mathrm{sgn}(x_t-x_i)=0$；若 $x_t-x_i<0$，则 $\mathrm{sgn}(x_t-x_i)=-1$。

Pettitt 检验的显著性概率值 p 为：

$$p\approx 2\exp\left[-6K_{t,T}^2/(T^3+T^2)\right] \tag{2-6}$$

若 $p\leqslant 0.05$，则认为在显著性水平 $\alpha=0.05$ 下原时间序列突变显著，序列突变发生在 $K_{t,T}$ 取最大值的位置，否则认为原时间序列不存在显著突变。

2.3　闽江下游水沙过程及河道变化

2.3.1　流量过程变化

1950 年至 2017 年在竹岐水文站观测到的年平均流量（MAD）如图

2-4(a)所示，在此期间没有明显的总体趋势。此期间的年均流量为 1 718 m^3/s，1950—1992 年年均流量为 1 685 m^3/s，1993—2017 年年均流量为 1 775 m^3/s。相比之下，日平均流量年变异系数(CV)则呈现明显的下降趋势，如图 2-4(b)所示。

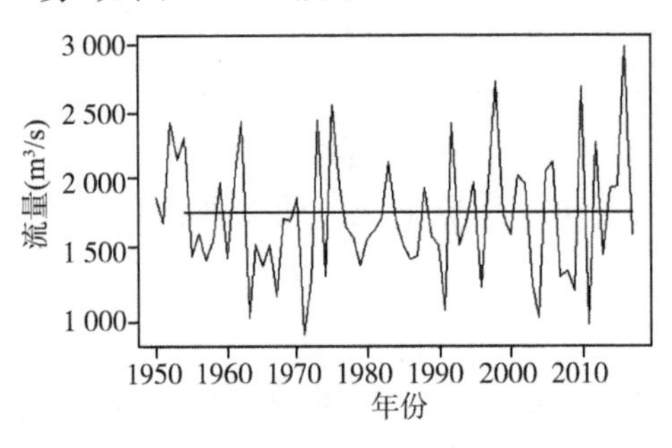

(a) 年平均流量

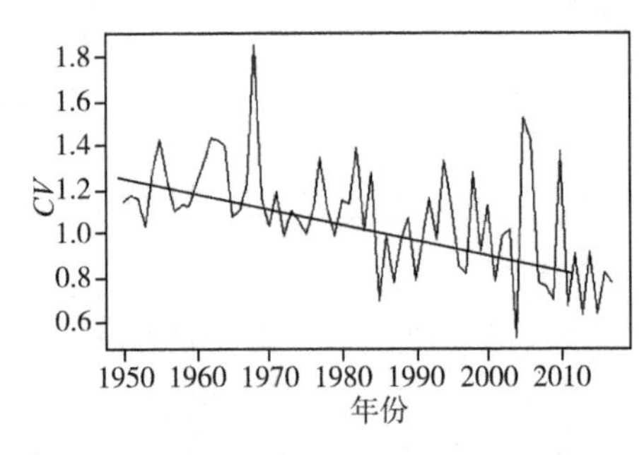

(a) 日平均流量变异系数

图 2-4　竹岐水文站逐年流量变化

对 1950—2017 年的最小 7 日平均流量 (Min7D)、最小 7 日平均流量出现时间、流量低于 15 百分位数(～510 m^3/s) 的总日数(N15p)，以及最大 1 日平均流量 (Max1D)、最大 1 日平均流量出现时间、流量超过 90 百分位数 (～3470 m^3/s) (N90p)的总日数折线图如图 2-5(a)至(f)所示。由图可直观看出，Min7D 呈明显的上升趋势，同时 N15p 和 N90p 均呈下降趋势，其他序列的变化趋势不明显。

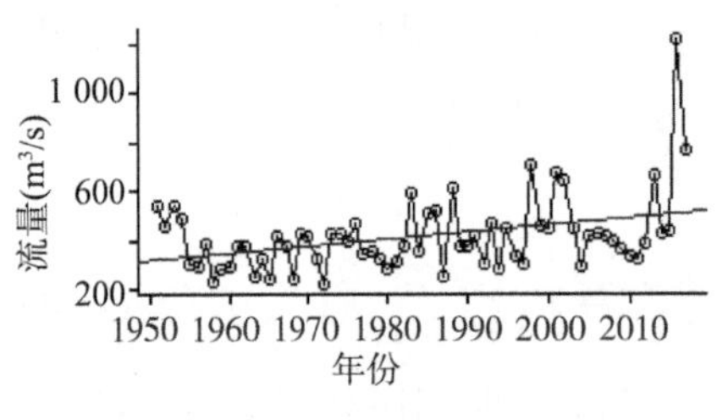

(a) 最小 7 日平均流量

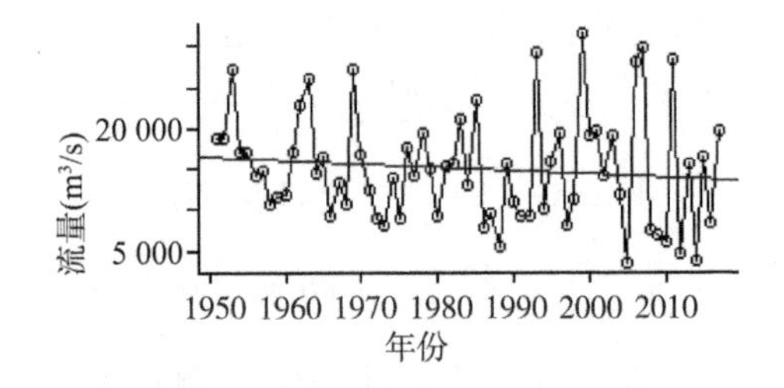

(d) 最大 1 日平均流量

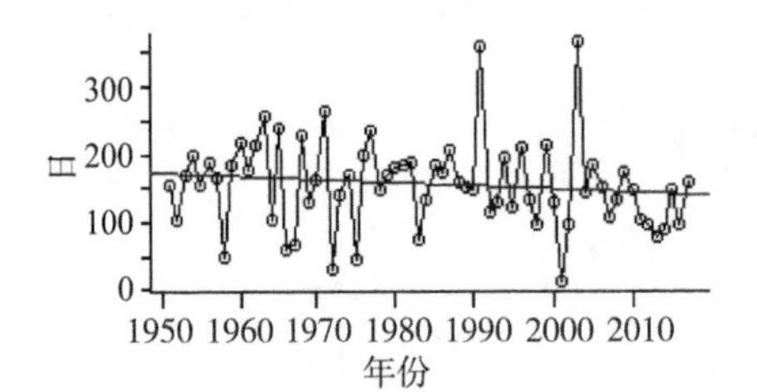

(b) 最小 7 日平均流量出现时间(距 8 月 1 日)

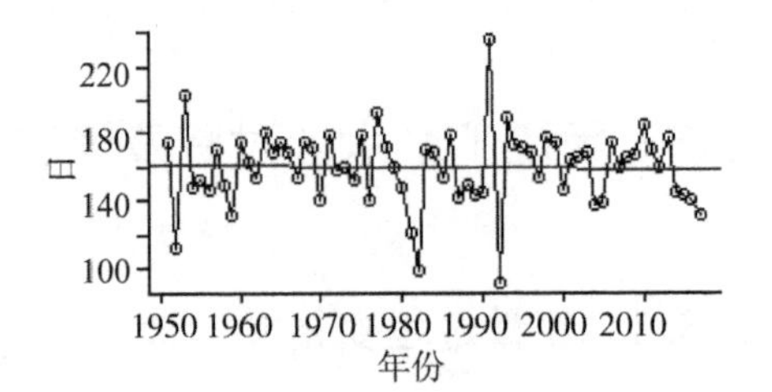

(e) 最大 1 日平均流量出现时间(距 1 月 1 日)

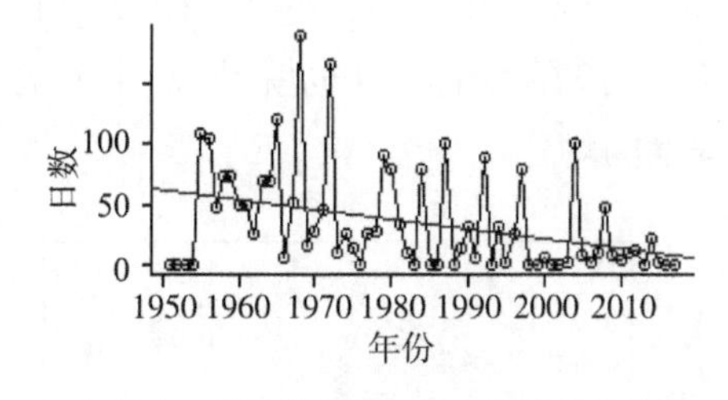

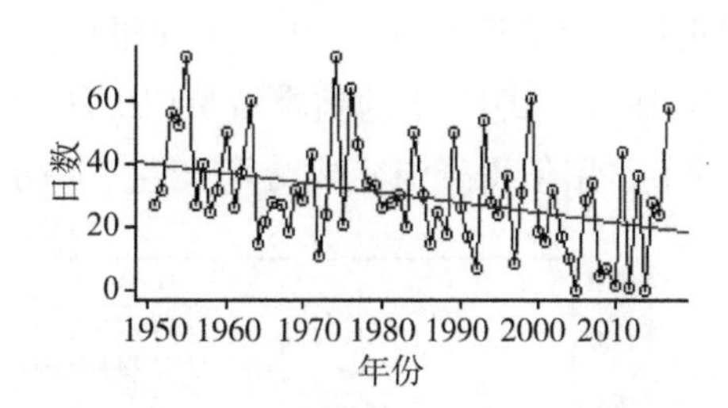

(c) 最小 7 日平均流量小于 15 百分位总日数　　(f) 最大 1 日平均流量大于 90 百分位总日数

图 2-5　竹岐水文站逐年枯季流量与汛期流量变化

进一步采用 Mann-Kendall 趋势检验与 Pettitt 突变点检验对竹岐站 1950—2017 年间的流量序列进行了统计检验，结果见表 2-2。从该表可见，Mann-Kendall 趋势检验证实了 CV 显著下降、Min7d 显著上升、N15p 显著减少、N90p 显著减少，反映出由于水库调节的削峰补枯作用，流量的年内变幅减小。

表 2-2　水沙序列的 Mann-Kendall 趋势检验与 Pettitt 突变点检验结果

变量类型	指标	趋势	突变年份
流量	年平均流量(MAD)	0	0
	日平均流量年变异系数(CV)	−**	1984**
	最小 7 天平均流量(Min7d)	+**	1981**
	最小流量出现日(距 8 月 1 日)	0	0
	流量低于 15 百分位数的总日数(N15p)	−**	1980**
	最大 1 天平均流量(Max1d)	0	0
	最大流量出现日(距 1 月 1 日)	0	0
	流量超过 90 百分位数的总日数(N90p)	−**	1984**
泥沙	年悬移质总输沙量(TSS)	−**	1993**
	年悬移质平均含沙量(MCSS)	−**	1993**

注：** 表明在 0.05 显著性水平下存在显著趋势(或在相应年份突变显著)，+代表上升趋势，−代表下降趋势。

水库建设对径流的年内分配也造成一定的影响。水口水库建成后，来水量丰沛的 3—7 月，水库拦蓄来水，水库下游来水量较建库前有不同程度的减少。在枯水季，由于水库的调节作用，水库下游来水量较建库前有所增加。对比水口坝下 46 km 处的竹岐水文站在 1950—1970 年、1971—1992 年以及 1994—2017 年三个时段的流量年内分配[图 2-6(a)]以及降水年内分配[图 2-6(b)]可以看出，1994—2017 年的汛期降水量大于 1950—1970 年的汛期降水量，但汛期流量却小于1950—1970年的汛期流量；与1950—1970年、1971—1992年相比，1994—2017年的枯季流量(12月、1月、2月)显著偏大。也就是说，水库的调节作用使得径流年内分配产生了一定程度的均化。

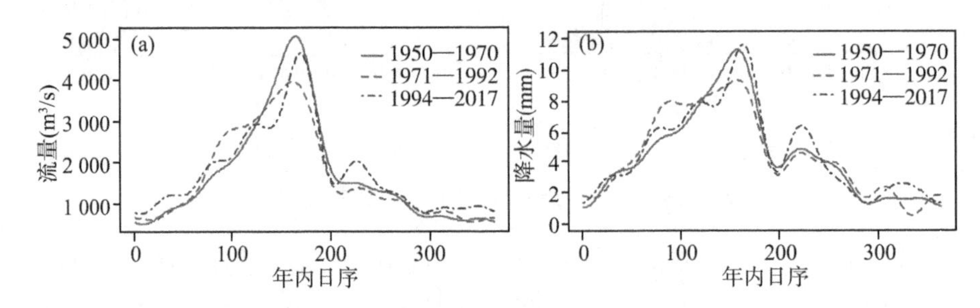

图2-6　竹岐站不同时期径流以及降水年内分配对比

2.3.2　泥沙变化

根据竹岐站的实测泥沙资料(见图2-7)，水口水库建成前，1951—1992年竹岐站多年平均悬移质输沙量715万t，多年平均悬移质含沙量为0.129 kg/m^3，最大年平均含沙量为0.261 kg/m^3(1962年)，最小年平均含沙量为0.064 kg/m^3(1991年)；水口水库建成后，1993—2017年竹岐站平均悬移质泥沙输沙量减少到248万t，多年平均悬移质含沙量为0.038 kg/m^3，最大年平均含沙量为0.136 kg/m^3(2010年)，最小年平均含沙量为0.007 kg/m^3(2008年)。可以看出，假设近几十年来流域内的悬沙产量稳定，则最近1993—2017年这25年平均每年有467万t悬沙沉积在竹岐水文站以上的一系列水库中，其中大部分沉积在水口水库。

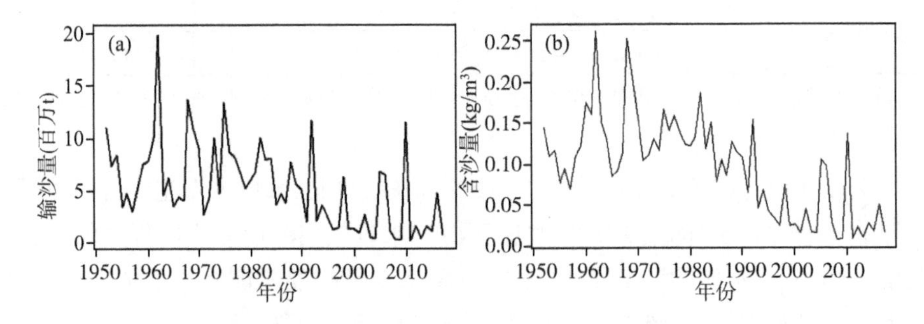

图2-7　竹岐站逐年悬移质输沙量及含沙量变化

在悬移质总量减少的同时，悬移质颗粒级配也发生一定的变化。闽江梯级水库蓄水前后闽江竹岐站悬移质泥沙颗粒级配表见表2-3。由表可见，粒径小于0.050 mm悬沙比重有较明显增加。三峡水库建库前后也存在出库悬移质泥沙粒径明显变小的现象。

表2-3　梯级水库蓄水前后闽江竹岐站悬移质泥沙颗粒级配(%)

年份	平均小于某粒径(mm)的悬沙比重百分数							
	0.005	0.010	0.025	0.050	0.100	0.250	0.500	1.000
1992(蓄水前)	1.7	6.2	10.8	22.3	94.4	99.0	99.9	100
1994(蓄水后)	1.3	6.3	11.8	26.9	95.8	99.5	100	—

输沙率的计算，尤其是山区河流推移质输沙的计算，一直是水文水力学界没解决的难题。河流输沙是流域产沙条件与水流挟沙能力这两方面共同影响的结果。山区河流形成推移质的沙源条件往往受河床泥沙影响较小，而是受山区暴雨、洪水诱发的岸坡侵蚀、崩塌、滑坡甚至泥石流等因素所制约，上游来沙多，河道输沙量就大，来沙少，输沙量就小。另外，河床中砾卵石、漂石等大粒径颗粒在水流调整下发育形成诸如阶梯-深潭、肋状等河床结构，这些结构对推移质输沙也会产生很大影响，即便水流条件相似，推移质输沙也可能差别很大，如果只考虑水流条件，就不能准确计算推移质输沙。山区河流推移质输沙率在同样的水流条件但不同洪水涨落阶段可能相差数百到上千倍[149]。

根据1990年在竹岐站的推移质输沙率测量结果，流量处于2 000～8 000 m^3/s之间时，实测平均推悬比(推移质/悬移质)为7.5%，范围为4.3%～12.6%，水口水库建成前的10年间(1983—1992年)平均悬移质输沙量为606万t。按7.5%的推悬比估算，水口水库建成前10年(1983—1992年)，竹岐站多年平均推移质输沙量约为45万t。按控制面积折算，竹岐站的泥沙有96.2%来自水口水库以上。在三峡水库蓄水后的2003—2010年，年均沙质推移质输沙量较1991—2002年减少93%[150]。按此比例估算，水口水库建成后，由于水库的拦蓄作用每年有约41万t推移质泥沙淤积在水口水库上部河段。因而，水口水库建成后，与建成前10年相比，平均每年约有399万t泥沙(包括358万t的悬移质与41万t推移质)淤积在库区。假定沉积物密度为1 300 kg/m^3，水口大坝库区由于泥沙淤积每年减少库容约307万m^3，这意味着水库大约每10年损失1.2%的库容。

采用Mann-Kendall趋势检验与Pettitt突变点检验对竹岐站1951—2017年间的年平均悬移质含沙量与年总输沙量进行了统计检验。趋势检验结果表明年悬移质输沙量及含沙率变化的下降趋势都是非常显著的,这反映了水库的累积效应;而 Pettitt 突变点检验显示,输沙量及含沙率在 1993 年发生了突变,这显然是水口水库建设的结果。

进一步采用双累积曲线的方式分析了竹岐水文站累积年径流量与累积年输沙量之间关系的一致性,以及竹岐水文站历年主汛期六月份累积径流量与当月累积输沙量之间关系的一致性,结果见图 2-8(a)及图 2-8(b)。由图可知,竹岐水文站累积年径流量与累积年输沙量之间的关系在 1993 年发生显著变化,而六月份累积径流量与当月累积输沙量的关系则在 1984 年就发生了显著变化。1993 年是闽江干流最大水库水口水库开始蓄水的时间,1984 年则是闽江干流控制面积第二大的沙溪口水电站(坝址控制流域面积 25 562 km^2,占闽江流域总面积的 42%)开始围堰施工的年份。

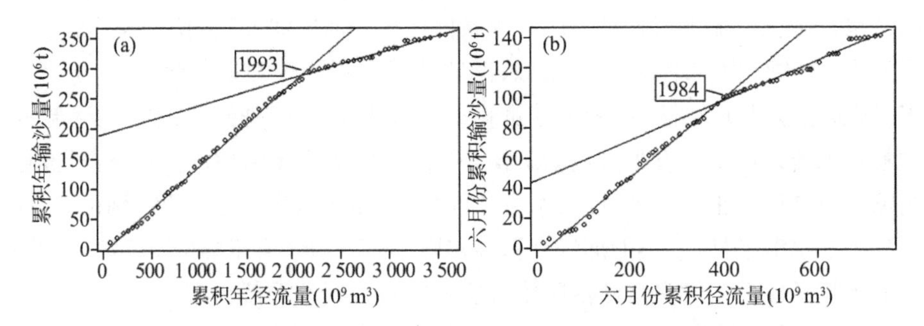

图 2-8　竹岐水文站累积年径流量与累积年输沙量以及六月份累积径流量与六月份累积输沙量双累积曲线

2.3.3　河床地形演变与水位变化

水库建成蓄水后,下游来沙量骤减,清水下泄,大坝下游河道遭受强烈下切侵蚀,这种现象在世界各地普遍存在[151-153]。水口水库建设对闽江河道的影响也与其他水库的情形类似。水库建成后,闽江下游不少河段的深泓线平面位置发生不同程度的左右摆动,同时河道总体下切。图 2-9 显示了水口大桥断面(位于水口大坝下游约 1.2 km、水口大桥上游约 200 m)以及琅岐闽江大桥断面(距水口大坝约 161 km、琅岐闽江大桥上游约 150 m 处)在 2003—2015 年间的河床剖面变化情况。从图中可见,整个闽江下游河段(从水口大坝坝下至闽江入海口)从 2003—2015 年持续处于下切侵蚀状态。图 2-10 则展示了根据闽江下游河道 2011 年与 2015 年实测资料绘制的闽江下游河道深泓线剖面,可以看出,闽江下游2015年的深泓线比2011年有明显下移。也就是说，水口大坝建成后20多年后，闽江下游河床总体上仍处在持续侵蚀状态，侵蚀与淤积之间的新的平衡尚未形成。

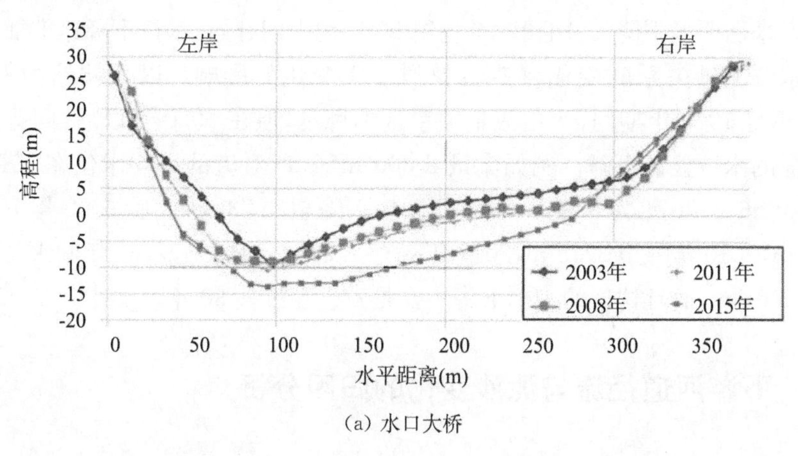

(a) 水口大桥

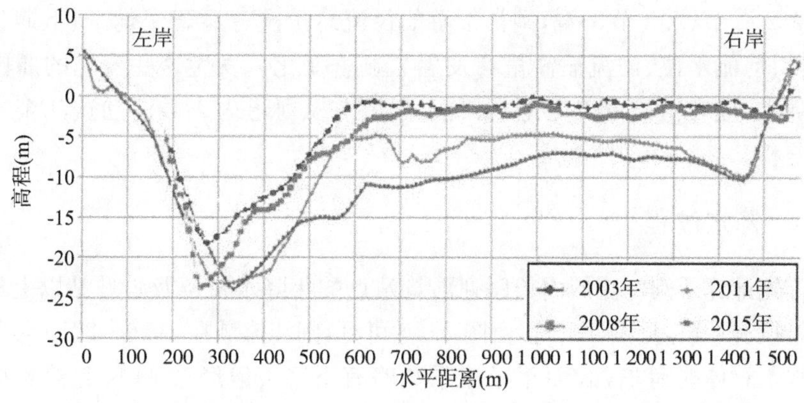

(b) 琅岐闽江大桥

图2-9　水口大桥断面及琅岐闽江大桥断面2003—2015年间河床剖面变化

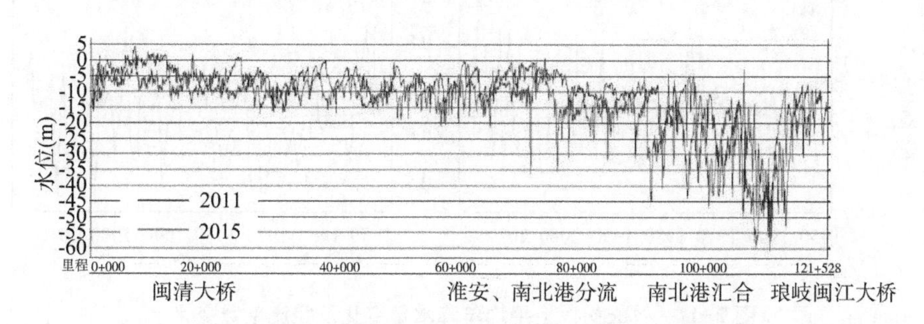

图2-10　闽江下游河道2011年与2015年深泓线变化图

近30年来河道的不断侵蚀下切对闽江下游的水位产生显著影响,尤其体现在枯季水位变化上。而闽江下游几个站点建站以来的历年最低水位出现波动,除了接近闽江口门的白岩潭站之外,其他站点最低水位自20世纪80年代后期以来已明显下降。并且在20世纪90年代中期开始,水位下降速度加快。

水位流量关系的变化自然会受到水文变化的影响。以竹岐站为例,在1950年至1970年期间,水位流量关系基本稳定,但在1990年以后,同等流量所对应的水位显著下降。例如流量2 000 m^3/s所对应的平均水位在1950年为8.28 m,1970年为8.3 m,1990年大幅下降至7.73 m,此后2000年下降至6.93 m,2010年降至3.73 m,2017年降至3.60 m,也就是说,68年间水位下降了约4.68 m,而且这样的大幅下降主要是发生在过去30年。

2.4 下游河道径流与泥沙变化的归因分析

从2.2节、2.3节来看,闽江下游的径流总量没有显著变化,但汛期与枯季流量、河流水位、河流输沙量均发生了显著变化。发生这些变化的原因可以从降水、地表植被覆盖变化、水利工程调节及河道内人类活动这几个方面进行分析。

2.4.1 降水过程

首先计算了闽江流域内长序列雨量站点的年降水量以及竹岐站以上集水区的年径流系数,见图2-11。由图2-11可见,闽江流域在1950—2017年间的年降水量总体略有增加,而年径流系数略有下降。但经过M-K趋势检验与Pettitt突变检验发现,这些变化并不显著。对比分析1993年前后的年降水量

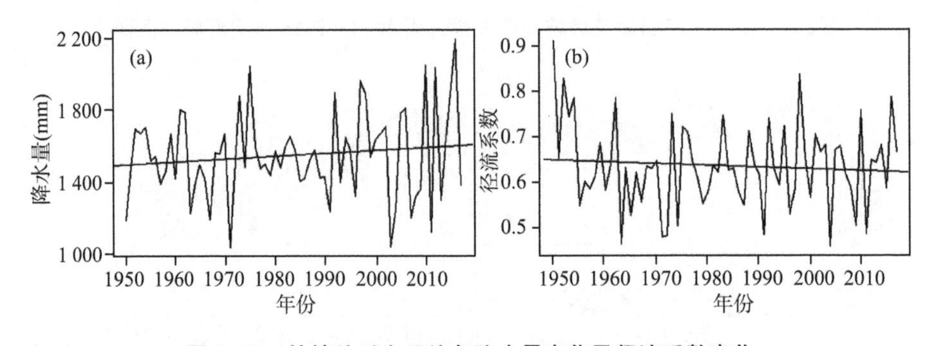

图2-11 竹岐站以上平均年降水量变化及径流系数变化

与年平均径流量之间的相关关系发现(见图 2-12)，1993 年以后的年降水量与年平均径流量之间的散点斜率显著变小，说明年径流量对降水量波动的敏感性下降，或者说降水量变化引起的年径流量变化减小了，这反映闽江流域的众多大型水库具有一定的年际调节能力。

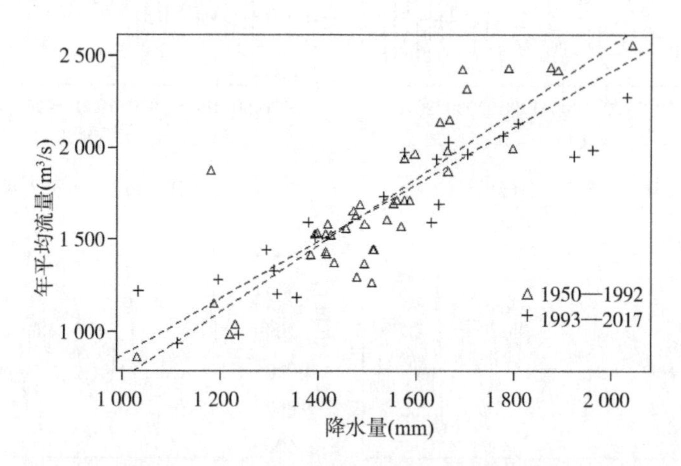

图 2-12　竹岐站以上不同时段年降水量与年平均径流量相关关系

降水过程的变化不仅会影响径流过程，也会影响产沙量，尤其是降水强度的变化。雨强增大增加了降雨侵蚀力，可能使得水土流失量也增加。Wischmeier 将一次降雨量 $P \geqslant 12.7$ mm 或该次降雨的 15 分钟雨量 $P_{15} \geqslant 6.4$ mm 定为通用土壤流失方程的侵蚀性降雨标准，这一标准在后来的研究中被广泛采用[154]。但是侵蚀性降雨标准应因地区而异，国内学者也展开了其针对我国不同地区的研究，研究结果都较为接近，一般集中在 9～14 mm 之间[155]。如黄路平等对福建省长汀县降雨侵蚀力及其与水土流失的关系研究时，确定长汀县侵蚀性降雨标准为日降雨量超过 13 mm[156]。

进一步以闽江腹部的洋口水文站及下游干流竹岐水文站的实测降水量为例，对 1950—2017 年间的历年最大 1 日降水强度及日降雨量超过 13 mm 的侵蚀性降雨量进行了分析。如图 2-13 所示，洋口水文站及竹岐水文站的最大 1 日降水强度与侵蚀性降水均未有显著性变化，M-K 趋势检验与 Pettitt 突变检验也证实不存在显著性变化。也就是说，闽江河流输沙量的变化与降水变化无关。

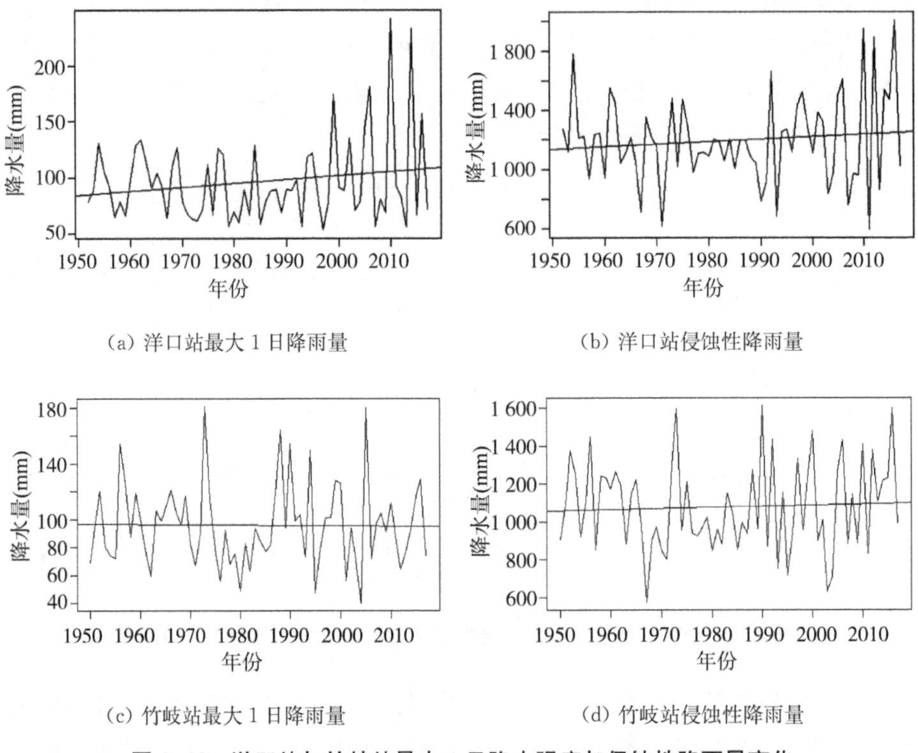

(a) 洋口站最大 1 日降雨量　(b) 洋口站侵蚀性降雨量

(c) 竹岐站最大 1 日降雨量　(d) 竹岐站侵蚀性降雨量

图 2-13　洋口站与竹岐站最大 1 日降水强度与侵蚀性降雨量变化

2.4.2　植被变化

流域植被覆盖度的增加会减少降雨对地表的侵蚀作用，从而会导致流域产沙量的减少。利用 NASA 的 GIMMS NDVI（归一化植被指数）数据产品（https://glam1.gsfc.nasa.gov），计算了闽江流域的年平均 NDVI，如图 2-14(a)所示，呈现出明显的上升趋势。利用 Mann-Kendall 趋势检验也对月度 NDVI 进行了逐网格检验，结果如图 2-14(b)所示。在图 2-14(b)中，数字 3、2、1 和 0 分别代表在 0.01 显著水平下具有非常显著趋势，在 0.05 显著水平下有显著趋势，在 0.1 显著水平下有微弱显著趋势以及无明显趋势，符号＋或－分别代表趋势的方向，即增加或减小。结果表明，闽江流域大部分地区 NDVI 的增加非常显著。植被覆盖度的显著增加必然导致河流含沙量的减少。然而，植被覆盖度增加对输沙量减少的效果难以量化。

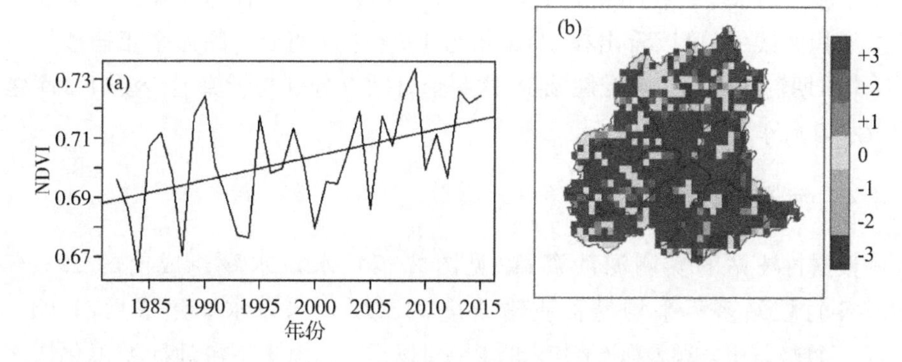

图 2-14　闽江流域 1981—2015 年间 NDVI 均值变化及逐网格 NDVI 变化趋势

2.4.3　水库建设

闽江水资源丰富，但年内分配不均；水能理论蕴藏量也非常丰富，因而流域内的水库与水电站数量众多。图 2-1 中显示了闽江流域现有的大型水库的分布。图 2-15 为根据 2011 年完成的全省水利普查结果统计得到的闽江流域 1950 年以来的水库总库容变化情况。需要说明的是，由于水库开始蓄水与最终工程完工有一定的时间差，所以该曲线所体现的阶梯性变化时间与水库对河流径流产生实际影响的时间有所差异。但总体可以看出，闽江的库容持续大幅增长，并且在二十世纪八十年代上半期与九十年代中期有跳跃式增加。水库对泥沙淤积的影响是众所周知的，对闽江下游泥沙量产生巨大影响的还是建设于

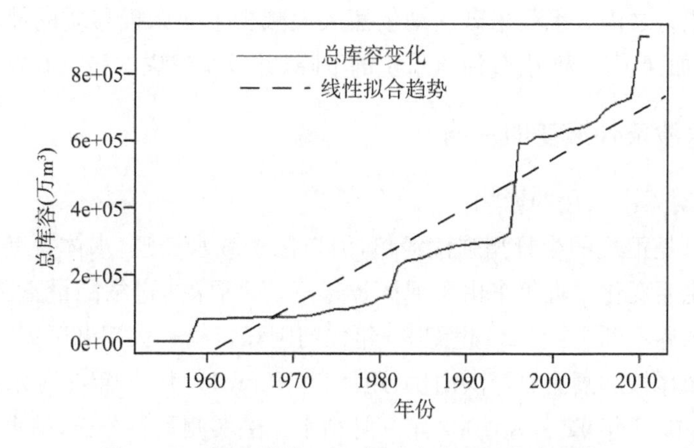

图 2-15　闽江流域 1950 年以来水库总库容变化

闽江干流上的水库。在图 2-8 中对竹岐水文站累积年径流量与累积年输沙量的双累积曲线中,可以看出在 1984 年与 1993 年这两个时间点全年输沙量与 6 月主汛期输沙量发生突变性减少,这两个时间点分别与干流上沙溪口水库建设及水口水库建设有关。

2.4.4 河道采砂活动

根据竹岐站的实测泥沙资料(见图 2-7),水口水库建成前的 1951—1992 年竹岐站多年平均悬移质输沙量 715 万 t,水口水库建成后,1993—2017 年竹岐站平均悬移质输沙量减少到 248 万 t。由于下游地区城镇化快速发展,对河沙需求量巨大,闽江下游存在大规模的采砂活动。河沙年消耗量估计超过 1 000 万 t,远远超过闽江下游的沉积量。近年来河床采砂受到严格控制。以 2015—2017 年为例,根据《闽江下游福州段 2015—2017 年河道采砂规划报告》,2015—2017 年规划期内闽江下游年度采砂控制总量为 2015 年 204 万 m^3;2016 年 194 万 m^3;2017 年 188 万 m^3。

根据福建省水利水电科学研究所 1990 年汛期测量结果,流量在 2 000~8 000 m^3/s 之间时,实测平均推悬比(推移质/悬移质)为 7.5%,全年平均输沙量约为悬移质输沙量的 1.1 倍。依此计算,竹岐站向下游的总输沙量约为 273 万 t,按悬移质密度 1.3 t/m^3 折算为 210 万 m^3。此外,闽江下游的主要支流大樟溪每年流往南港的沙量约 22.6 万 m^3;竹岐站和大樟溪与闽江汇合口以下还有面积约 1 649 km^2 的区域,每年产沙量约 16.0 万 m^3。三者合计约 249 万 m^3。由此可见,以 2015—2017 年河道采砂规划所确定的采砂规模,在河流输沙能力之内。但是采砂活动依然大大减少了河床推移质的储蓄量与输沙量,严重加深了河床,引起河流水位的下降,并危及河堤的稳定和航行安全。

2.4.5 水沙条件演变的影响

2.4.5.1 对咸潮入侵的影响

闽江口是正规的半日型强潮河口,河口区淡咸水交汇,水体盐度随径流和潮流的变化而变化。近年来由于河床逐年下切,河床的进纳潮量不断增大,潮流界和潮区界不断上溯。20 世纪 90 年代初闽江口枯季大潮潮区界在侯官(距河口 68 km)附近,潮流界至洪山桥(距河口 58 km)。1993 年 8 月水库电站建成后,根据 1996 年 12 月及 2002 年 9 月枯水大潮实测资料分析,枯水期大潮潮区界与潮流界均存在明显的上移现象。据 2009 年观测,潮区界可达水口坝下,潮流界可达闽清梅溪口。根据对2019年数据的模拟结果，枯季流量情况下潮流界已经达到下浦(距河口102 km)附近。由于潮流界和潮区界向上游延伸，闽江下游水源地的12个取水口中有11个取水口都处在咸潮影响范围内，并且越下游河段受到咸潮上溯的影响越严重。同时，在潮流上延的作用下，河口段水体的交换时间加长，水体中的污染物长时间停留，加之地跨闽江下游两岸的福州市工业废、污水的排放，使得闽江下游水环境问题不断加重。

2.4.5.2　对河道及两岸涉水建筑的影响

水口水库运行后，闽江下游河道的水动力条件发生了很大的变化，加之造床质泥沙的大幅减少，导致下游河道下切严重，且河岸冲刷严重，使得多座跨江桥梁、码头出现险情甚至损毁，防洪堤的基底被掏空，河道堤岸出现多次险情。这些险情的发生均与闽江下游河道演变及河床下切有较大的关系。闽江下游河床的进一步下切演变，将加剧对河岸稳定与防洪安全的不利影响。

2.4.5.3　对河道通航能力的影响

由于水口水库建成后来沙量急剧减少，水流对河床冲刷以及近年来闽江下游采砂过度，河流流态、水动力发生变化，河床断面不断被破坏，下游水位下降趋势明显，影响通航。水口水库原设计为四级航道标准，并适当留有余量。当下泄流量为308 m^3/s时，船闸门槛水深3 m，可满足所有船舶过闸。近年来由于闽江航道水位急剧下切，为满足现有船舶通航流量，闽江下游通航流量由原设计的308 m^3/s逐年提高，2000年为800 m^3/s，2004年为1 500 m^3/s，2005年为2 000 m^3/s，2006年为2 350 m^3/s，2017年需要达到3 800 m^3/s才可过闸。1993年以前，闽江河道通航能力为三级(可通航1 000 t船舶)，水口水库大坝建成后，闽江通航能力降为四级(可通航500 t船舶)，并且可能进一步降低。

2.5　小结

对于闽江下游水文情势变化的充分了解将有助于在闽江下游开展相应的研究，本章主要内容是基于水文过程变化分析方法对闽江下游水文情势变化进行分析，总结如下。

(1) 闽江1950年以来年径流量没有发生显著变化，但枯季流量显著增加(表现为最小7日平均流量显著增加，流量低于15百分位数的总日数显著减少)，汛期洪峰流变化不大，但汛期流量超过90百分位数的总日数有显著减少。

造成这些变化的原因主要是水库调节，与降水量变化基本无关。

（2）闽江上游各梯级电站的修建，尤其是1993年开始运行的水口水库的蓄水拦沙作用，在对闽江下游流量进行削峰补枯的同时，使得下游来沙量大幅减少。此外植被覆盖条件的持续改善使得降水对地表的侵蚀力下降，减少了水土流失量。同时闽江下游河道过度采砂等涉河活动严重，使得下游河道的泥沙冲淤长期失衡，导致闽江下游河道河床下切严重，深泓线高程呈整体下降趋势，为下游的水文预报带了更大的挑战。

第三章

神经网络水文预报方法研究

人工神经网络以其特有的处理非线性信息的能力，越来越广泛被应用到水文学领域中，利用人工神经网络的预测能力在水文观测资料比较丰富的地区进行洪水预报，是现阶段人工神经网络在水文领域的重要研究方向。本章将以BP神经网络与LSTM神经网络两种模型为基础，探究神经网络在水文预报中的应用模式。

3.1 神经网络方法

(1) BP神经网络模型

1986年Rumelhart等人提出了BP神经网络模型，证明了神经网络模型可以通过学习来解决诸多实际问题，具有非常广泛的应用前景。此后有关神经网络的研究越来越多[157,158]，到2006年Lecun等人提出了深度学习的概念[159]，更加确定了人工神经网络在现代科技发展中无可替代的作用。BP神经网络通常包含输入层、隐含层和输出层三层结构(见图3-1)。BP神经网络主要包括两个部分，第一部分是信号的前向传播，经过输入层、隐含层、输出层计算预测结果，构建代价函数；第二部分是误差的反向传播，从输出层反向到达输入层，通过梯度下降法调节各层之间的权重。根据误差在反向传播的过程中调整优化参数直至收敛或者达到阈值。

(2) LSTM神经网络模型

LSTM(Long Short-Term Memory)神经网络是一种特殊的RNN神经网络，最早由Hochreiter和Schmidhuber提出[59]，由遗忘门、输入门和输出门组

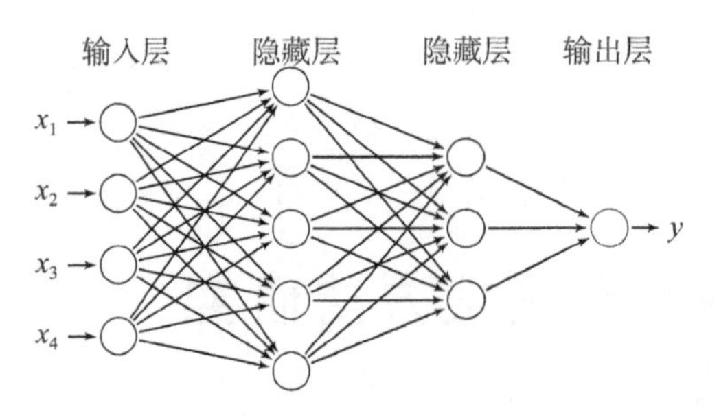

图 3-1　BP 神经网络结构示意图

成的记忆单元，来控制 LSTM 神经网络舍弃或增加信息，从而实现遗忘或记忆信息的功能，有效地解决了信息长期依赖问题。

LSTM 记忆单元的结构如图 3-2 所示，具体公式如下。

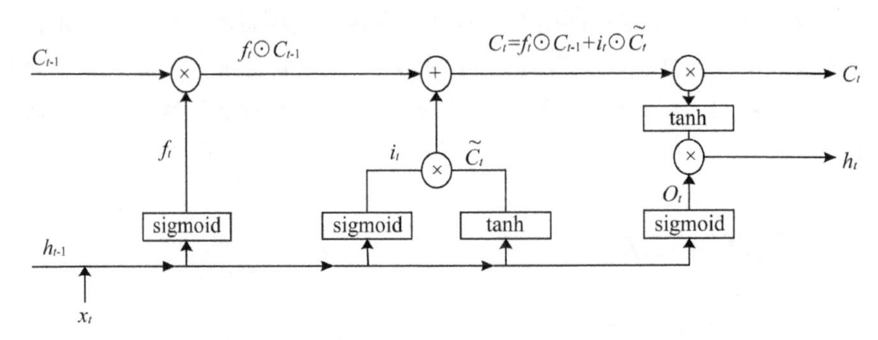

注：×与⊙为矩阵元素积；+为相加。

图 3-2　LSTM 记忆单元细节结构

t 时刻时，遗忘门 f_t 最先进行计算，通过 sigmoid 的计算结果来决定当前状态中需要保留多少信息。

$$f_t = \sigma(U_f x_t + W_f h_{t-1} + b_f) \tag{3-1}$$

式中：U_f 、W_f 和 b_f 是遗忘门中的参数，在训练过程中，这些参数会被逐步优化。σ 是 sigmoid 函数：

$$\sigma(x) = \frac{1}{1 + e^{-x}} \tag{3-2}$$

遗忘门后，输入门 i_t 开始计算。i_t 决定了新输入的信息中将会有多少被用于更新状态。

$$i_t = \sigma(U_i x_t + W_i h_{t-1} + b_i) \tag{3-3}$$

式中：U_i、W_i 和 b_i 是输入门中的参数，在训练过程中，这些参数会被逐步优化。

新获取的信息 $\widetilde{C}_t$ 的计算公式如下：

$$\widetilde{C}_t = \tanh(U_{\widetilde{C}} x_t + W_{\widetilde{C}} h_{t-1} + b_{\widetilde{C}}) \tag{3-4}$$

式中：$U_{\widetilde{C}}$、$W_{\widetilde{C}}$ 和 $b_{\widetilde{C}}$ 是参数，在训练过程中，这些参数会被逐步优化。tanh 为双曲正切函数：

$$\tanh(x) = \frac{e^x - e^{-x}}{e^x + e^{-x}} \tag{3-5}$$

接着使用计算得到的结果更新神经元状态，公式如下：

$$C_t = f_t \odot C_{t-1} + i_t \odot \widetilde{C}_t \tag{3-6}$$

然后计算输出门 O_t。O_t 决定了在 t 时刻有多少信息生成隐藏层的状态变量 h_t。计算公式如下：

$$O_t = \sigma(U_o x_t + W_o h_{t-1} + b_o) \tag{3-7}$$

$$h_t = O_t \odot \tanh(C_t) \tag{3-8}$$

式中：U_o、W_o 和 b_o 是输出门的参数，在训练过程中，这些参数会被逐步优化。

最终，h_t 传入输出层，再经过计算得到 LSTM 在 t 时刻的输出 y_t：

$$y_t = W_d h_t + b_d \tag{3-9}$$

式中：W_d、b_d 是输出层的参数，在训练过程中，这些参数会被逐步优化。

3.2 模型精度评价

在本书中，采用平均误差 *MBE*、相对误差 *RE*、均方根误差 *RMSE*、相关系数 r 和确定性系数 *DC*（也称 Nash-Sutcliffe 效率系数）这 5 个评估指标数据来度量模型模拟水位准确程度。其中第三、四两章径流预报方法采用相对误差 *RE*、均方根误差 *RMSE*、确定性系数 *DC* 这 3 个指标，第五章水位预报方法采用均方根误差 *RMSE*、确定性系数 *DC*、相关系数 r 与平均误差 *MBE* 这 4 个指标。

$$MBE = \frac{\sum_{i=1}^{n}(x_{mi} - x_{oi})}{n} \tag{3-10}$$

$$RE = \frac{\sum_{i=1}^{n}(x_{mi} - x_{oi})}{\sum_{i=1}^{n}x_{oi}} \times 100\% \tag{3-11}$$

$$RMSE = \sqrt{\frac{1}{n}\sum_{i=1}^{n}(x_{mi} - x_{oi})^2} \tag{3-12}$$

$$r = \frac{\sum_{i=1}^{n}(x_{mi} - \bar{x}_m)(x_{oi} - \bar{x}_o)}{\left[\sum_{i=1}^{n}(x_{mi} - \bar{x}_m)^2 \sum_{i=1}^{n}(x_{oi} - \bar{x}_o)^2\right]^{\frac{1}{2}}} \tag{3-13}$$

$$DC = 1 - \frac{\sum_{i=1}^{n}(x_{mi} - x_{oi})^2}{\sum_{i=1}^{n}(x_{oi} - \bar{x}_o)^2} \tag{3-14}$$

在上述公式中，x 表示随时间变化的变量，$\bar{x}$ 表示时间平均值，下标 m 表示是模型模拟值，下标 o 表示是观测值，n 表示变量的个数。

平均误差 *MBE* 模型模拟结果与实测值之间的误差值的平均值。相对误差 *RE* 反映模型误差值占实测值的比例。均方根误差 *RMSE* 则反映模型结果与实测数据之间偏差的离散程度，对模型峰值模拟误差尤其敏感，取值范围为[0，+∞)。相关系数 r 代表模型结果与实测数据波动的一致性，取值范围为[−1，+1]。确定性系数 *DC* 表征模型模拟值和观测值的拟合程度，取值范围为(−∞，+1]。根据《水文情报预报规范》(GB/T 22482—2008)对于预报结果进行评价[160]。

3.3 神经网络水文预报模型构建

3.3.1 实验流域与数据

选取福建省木兰溪渡里水文站进行神经网络模型预报研究，渡里流域总面积 68.57 km^2，处于亚热带季风气候区，年均降雨量超过 2 000 mm。流域地形见图 3-3，流域内森林覆盖率为 69.3%，没有水库调节，水体面积仅占 0.02%。流域内有渡里水文站以及渡里、下张隆和林兜 3 个雨量站（见图 3-3）。

获取了 2014 年 6 月至 2018 年 11 月渡里水文站的逐时流量数据，渡里、下张隆和林兜 3 个雨量站的逐时降水数据，流域面平均雨量通过泰森多边形来计算。

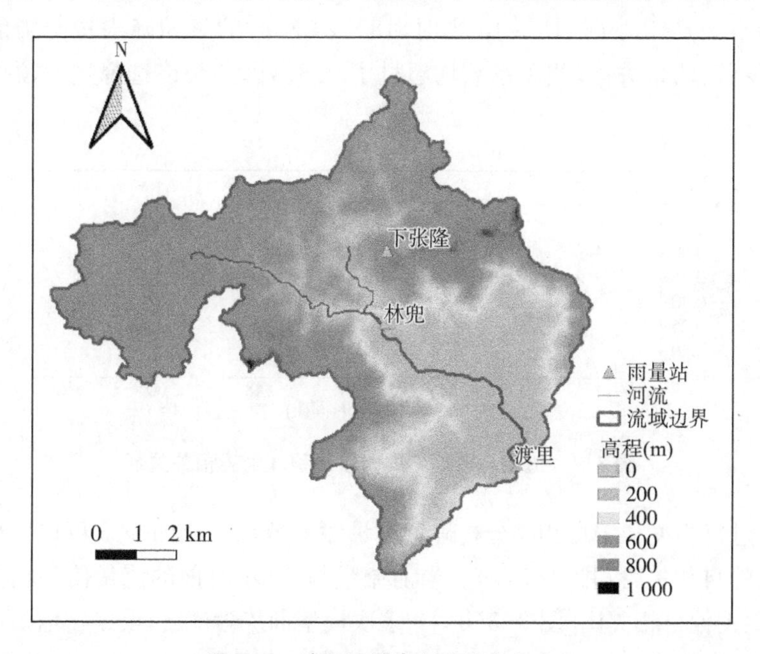

图 3-3 渡里流域高程及站点分布

获取 MODIS 16 天尺度的植被指数数据，采用三次样条法将植被指数插值成为逐日数据，将其作为神经网络的一个输入。

3.3.2 预报模型构建

虽然现在神经网络在水文预报中应用广泛，但是在建模过程中仍旧缺少标准化的建模方案，在建立神经网络模型过程中，网络结构的确定，训练次数的设置，避免神经网络模型在训练过程中停在局部最优解，以及处理不同降雨径流阶段的动态特征差异，都是需要考虑的问题。

3.3.2.1 模型结构确定

（1）输入节点

通过采用相同的输入与预处理方法保持 BP 与 LSTM 模型在输入节点上

的一致以便比较。

通过分析当前径流量与前期累积降雨量的相关关系来确定模型的降雨数据输入节点。分别计算了径流量与1～6小时的逐时降雨，6～12小时、12～18小时、18～24小时、24～30小时、30～36小时、36～48小时、48～60小时、60～72小时的累积降雨量，结果见图3-4。可以发现1到6小时的逐时降雨，6～12小时、12～18小时、18～24小时的累积降雨量与当前径流量具有不错的相关性，相关系数均超过了0.35，因此最终选择这9项作为降雨输入。

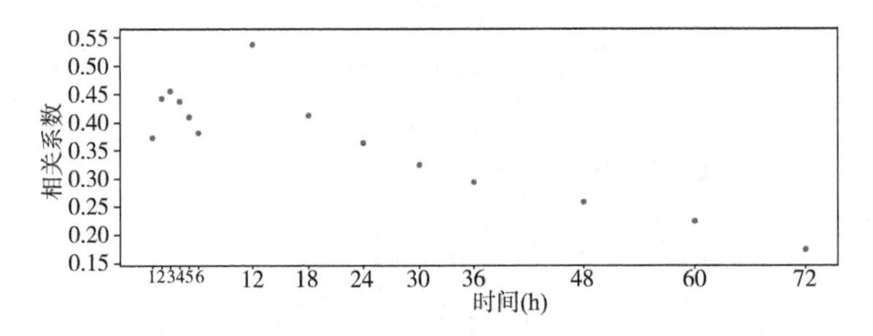

图3-4　流量与前期不同时段累积降雨量相关关系

通过自相关和偏自相关分析确定流量输入节点。从图3-5可以发现流量有很强的自相关性[图3-5(a)]，当前流量与30小时前的流量值的相关性很高，而根据偏自相关图[图3-5(b)]与多次模型训练尝试后，最终将前1小时和前2小时的流量作为模型的输入节点。

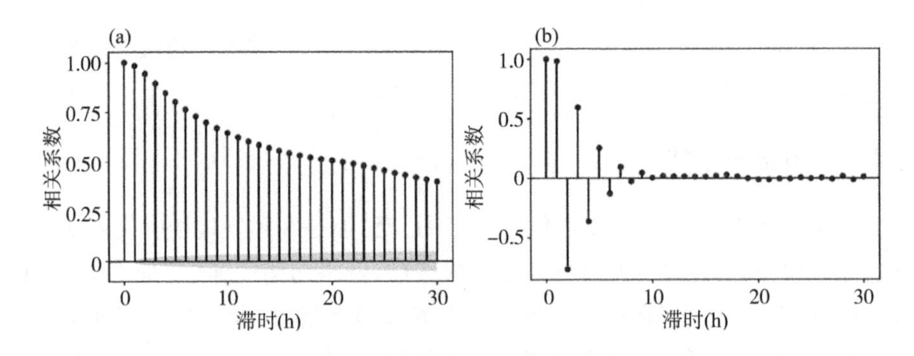

图3-5　逐时流量过程的自相关图与偏自相关图

同时考虑植被截留过程减少了有效降雨量，所以将NDVI数据也作为模型的一项输入。

（2）输入数据预处理

考虑流量数据与降雨量数据之间数值的差异与量纲的不同，以及激励函数自身特性，例如 sigmoid 函数对于绝对值超过 5 的输入并不敏感，对输入数据进行归一化，这是在构建神经网络模型时一项必须的处理工作，也就是需要将各输入、输出节点数值转化为满足均值为 0，方差为 1 的数据集。在归一化前先对输入数据进行对数化处理，从而调整输入数据中极值的影响。经过对数归一化处理后，消除了输入数据量纲对模型运算结果的干扰[21]，并且可加快模型训练的收敛速度。

（3）隐含层层数及隐含层节点数

隐含层层数和神经元数在神经网络的建模过程中对模型结果有着明显的影响。较多的隐含层层数对提高模型的精度非常有效，而即便是一个单隐含层神经网络模型如果拥有足够多的神经元，也可以建立输入输出之间可测量的任何函数关系，并且能够获得期望的精度[161]。但这就使得模型结构更加复杂，也大大增加了训练时间。而 Villiers 和 Barnard 的研究则表明有两个隐含层的神经网络具有较差的稳健性，并且模型的收敛精度较低[162]。以此在设计神经网络的建模过程中，优先考虑单隐含层的三层网络结构。

本书通过试错来确定隐含层内神经元数，比较不同神经元数对预报结果的影响，最终确定了神经网络模型的神经元数。图 3-6 展示了不同神经元数下 BP 与 LSTM 模型对未来 1～24 小时流量滚动预报确定性系数 DC(即 Nash 效率系数)的变化情况。

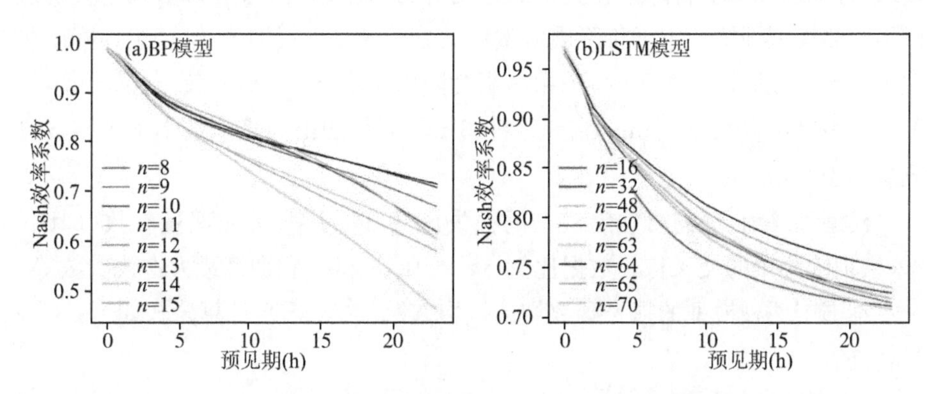

图 3-6　BP 模型与 LSTM 模型的神经元数对验证数据预报精度的影响

从图 3-6 可以看出，当神经元数为 10 的时候 BP 模型的精度达到最高，

Nash效率系数(也就是确定性系数)为0.711～0.987,而随着神经元数量的持续增加,Nash效率系数逐渐降低,而训练时间却大大增加了。因此对于BP模型采用10个神经元。而LSTM模型的神经元数为64个时,Nash效率系数达到最高,神经元数量超过64个之后,Nash效率系数逐渐下降,训练时间增加,因此最终LSTM模型的神经元数量取64个。

结果表明最终确定的BP神经网络的隐含层神经元数要远远少于LSTM,而无论是BP神经网络或LSTM神经网络,太复杂的网络结构都可能导致模型产生过拟合现象,但这个过拟合问题对于BP网络非常突出,而对于LSTM网络,其本身的记忆与遗忘功能使得权重在更新时,不仅充分利用了当前时刻的数据特征,还利用了门的结构来记住或遗忘前一时刻的数据特征,也就使得并非所有数据都对权重的更新产生影响,能够一定程度上降低过拟合产生的可能,因而LSTM网络的最优隐含层神经元数大大多于BP网络。

3.3.2.2　模型训练

将2014年6月至2016年6月的逐时流量数据、逐时降雨数据和NDVI数据,共三类分12个节点输入模型,对模型进行训练。

考虑到流域的降雨-径流关系在不同的降雨量级以及不同的流量涨落阶段可能具有一定的差异性,建立一个单一的全局模型无法让模型很好地学习到不同阶段流量涨落变化和降雨量的关系,因此本书在神经网络建模中使用模块化方法,首先按照阈值将降雨和流量数据划分为若干组,然后对每组数据分别进行不同的模型训练。本书将降雨流量数据分成四组进行训练,第一组为降雨量大于1 mm且流量大于5 m^3/s;第二组为降雨量小于1 mm,流量大于5 m^3/s;第三组为降雨量大于1 mm,流量小于5 m^3/s;第四组为降雨量小于1 mm且流量小于5 m^3/s。

模型训练前,还需要确定模型的损失函数、学习率、批处理理量参数(batch-size)、训练集中的交叉检验数据比例(validation-split)和训练最大迭代次数等。

本书中两种模型的损失函数均选择均方误差(*MSE*),计算公式如下:

$$MSE = \frac{1}{n}\sum_{i=1}^{n}(x_i - \hat{x}_i)^2 \tag{3-15}$$

式中:x_i为第i个时刻的实测值,单位为m^3/s;$\hat{x}_i$为预报值,单位为m^3/s;n为总预报步长数。

学习率决定了模型权重更新的幅度，如果学习率很低，训练会变得可靠，但是需要花费更多的优化时间；如果学习率很高，输出误差对权重的影响就越大，权重更新得就越快，但可能无法收敛。但是最佳学习率的确定仍旧缺少最优的方法。本书中BP和LSTM模型的学习率依赖经验分别定为0.2和0.01。

批处理量参数(batch-size)指模型训练中梯度下降时每个批次所含的样本数。该参数的大小影响模型的优化程度和速度。如果不设置该参数，意味着模型在计算时，是一次把所有的数据输入模型中，然后进行梯度下降算法，由于在计算梯度时使用了所有数据，计算速度慢，需要更多的迭代次数来达到最优。而本书由于使用多年逐时数据进行建模，数据量较大，一次性把所有数据输入模型，内存占用率高，会极大加重模型计算负担，影响训练速度和模型精度。所以经过试错，两个模型的批处理量参数(batch-size)均设置为240。

训练集中的交叉检验数据比例(validation-split)是指从数据集中切分出一部分作为验证集，验证集不参与训练，并且在每次迭代时在验证集中评估模型的性能，如计算损失函数。本书中两个模型的该参数设置为0.2。

为了确定两种模型的单次训练的最大迭代次数，在上述参数设定的条件下，分别将BP和LSTM模型训练一次，绘制两种模型的损失函数变化(见图3-7)。BP模型在迭代500次后损失函数的数值仍然高于LSTM模型100次迭代后损失函数的数值。所以为了避免训练时间的浪费的同时达到最佳训练效果，确定BP模型最大迭代次数1 000次，LSTM模型迭代次数100次。

神经网络模型的训练过程对初始权重较为敏感。由于初始权重的不同，每次训练都可能会得到一组不同的参数。为了获得最优参数，一种方法是采用多组独立初始权重值分别进行训练，然后从多组训练结果中选择效果最优的神经网络模型[163]，但这种最优网络仅是对训练数据最优，对未来未知的真实验证数据未必最优。也就是说训练中最佳的神经网络模型对于未来的数据并不一定能达到最优的预测结果。Wang等提出了一种简单有效的解决局部最优的方法[164]，即将一个模型训练若干次(如20次)，得到20组模型参数，选择其中较好的10组，形成一组模型集合，并将这个模型集合的结果取平均值作为最终的输出。本书采用了这种方法。

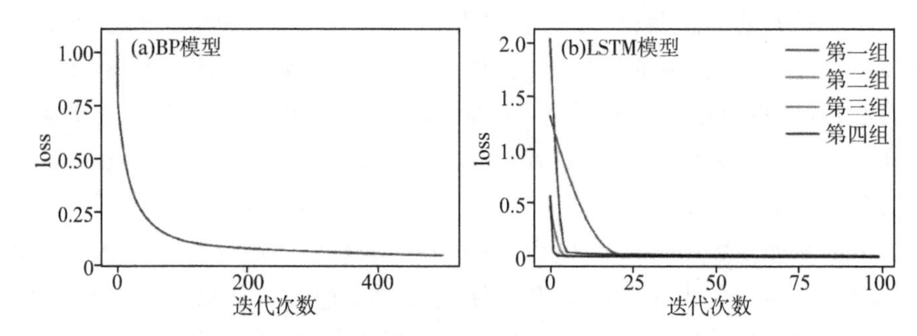

图 3-7　BP 模型与 LSTM 模型损失函数随迭代次数的变化

3.3.2.3　模型验证

将神经网络模型用于渡里流域流量的模拟预报验证，利用训练好的模型做下一小时（$T+1$）的流量预报，再以预报的 $T+1$ 小时流量作为当前流量输入，预报 $T+2$ 小时流量，以此循环滚动完成未来 $T+24$ 小时的流量预报。本书在循环滚动预报过程中，直接将实测降水作为未来预报降水处理，而在实际预报应用时，可以将降雨数值预报作为输入。而由于 NDVI 数值 24 小时的变化很小，采用当前时段获取的 NDVI 作为未来 24 小时的 NDVI。对渡里流域的模拟流量预报的评价结果如下。

（1）对整体流量过程的预报精度评价

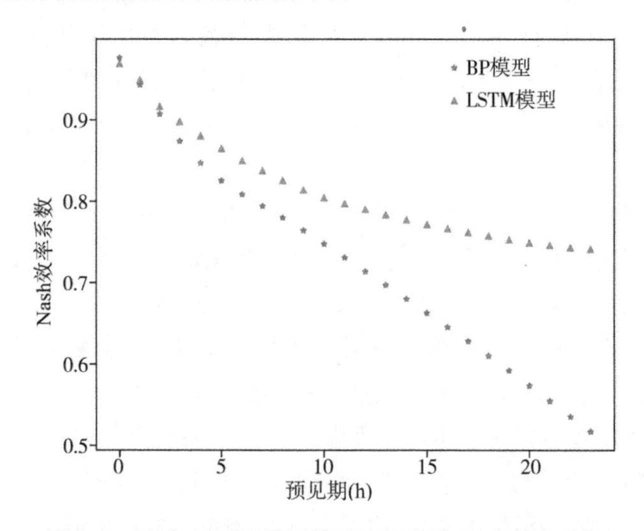

图 3-8　BP 与 LSTM 模型滚动预报结果 Nash 效率系数

BP 与 LSTM 模型验证期的 24 小时滚动预报结果 Nash 效率系数见图 3-8。两个模型不同预见期的验证期预报结果散点图见图 3-9。

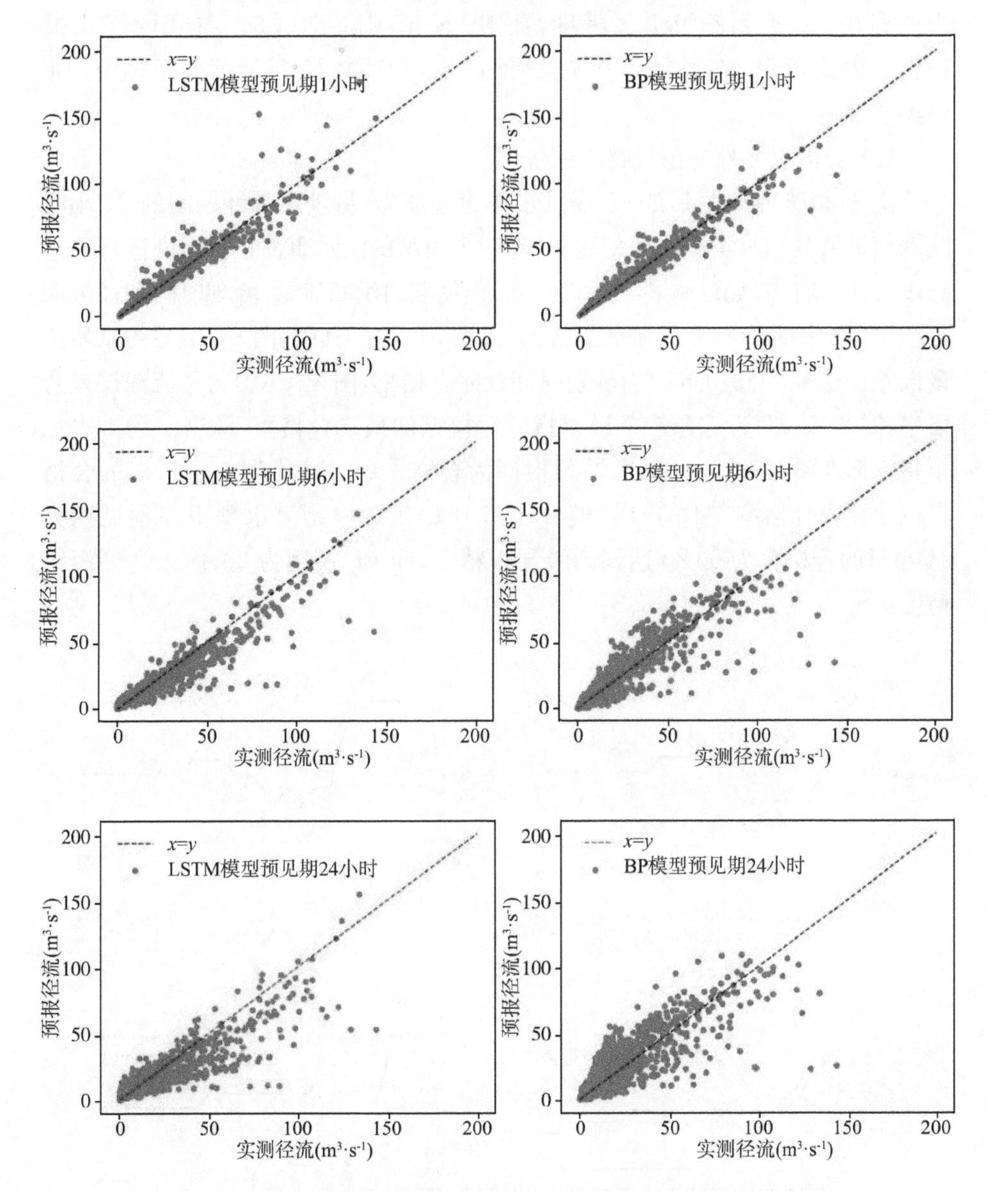

图 3-9　神经网络模型整体流量过程不同预见期预报结果散点图

由图 3-8 可以看出，在两种模型第 1 小时的预报中，Nash 效率系数大于 0.96(BP 模型为 0.975，LSTM 模型为 0.968)；随着预见期的延长逐渐下降，但 LSTM 模型整体预报效果优于 BP 模型，并且预报精度的衰减速度大大慢于 BP 模型。LSTM 模型滚动预报至第 24 小时时 Nash 效率系数仍达到 0.74，达到乙级预报精度，而 BP 模型则降到 0.51，符合丙级预报精度。由此可见，在整体流量过程预报中，LSTM 模型精度显著优于 BP 模型。

(2) 对洪水事件的预报精度评价

挑选 2016 年 7 月后的 15 场洪水作为验证集，将洪水事件期间的 24 小时滚动预报值分别与实测数据相比较，对两个模型的洪水事件预报精度进行了进一步验证。将 15 场洪水 24 小时内不同预见期内洪峰流量、峰现时间和径流深三个评价指标的合格率绘制成折线图（见图 3-10）。其中，图 3-10(a)为洪峰流量误差合格率，图 3-10(b)为峰现时间误差合格率，图 3-10(c)为径流深误差合格率，图 3-10(d)为综合三个误差指标后模型的最终合格率，即当一场洪水三个指标都合格时，该场次洪水的预报即为合格。LSTM 模型三个指标的合格率以及综合合格率都优于 BP 模型。其中 LSTM 模型洪水预报在预见期为 24 小时的合格率为 60%，达到丙级预报精度，而 BP 模型为 20%，未达到丙级精度等级。

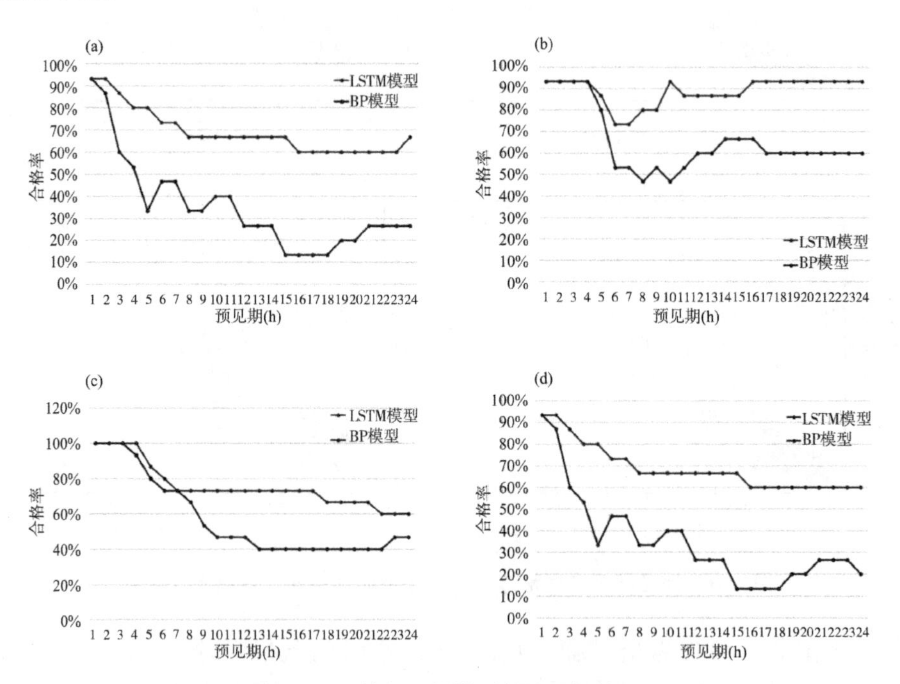

图 3-10 神经网络模型径流预报结果

以 2016 年 9 月 27 号和 2018 年 8 月 28 号两场洪水为例，比较了 BP 模型与 LSTM 模型对场次洪水过程预报的能力。2016 年 9 月 27 号场次洪水过程线见图 3-11。在 24 小时的预见期内，LSTM 和 BP 模型都可以较好反映洪水涨落过程。在预见期为 1 小时时，两个模型预报能力相当。随着预见期的延长，BP 模型出现了系统性偏大，高估洪水过程的洪量。2018 年 8 月 28 号场次洪水过程线见图 3-12。2018 年 8 月 28 号场次洪水拥有两次涨水过程。在 24 小时的预见期内，两种模型都能够反映出两次涨水退水过程。但是 BP 模型却在两个洪峰处出现了严重的低估现象。在预见期 6～24 小时的预报结果中，BP 模型在第一个洪峰处的预报值高于了第二个洪峰的预报值，与实测数据不符，洪峰预报能力退化明显。

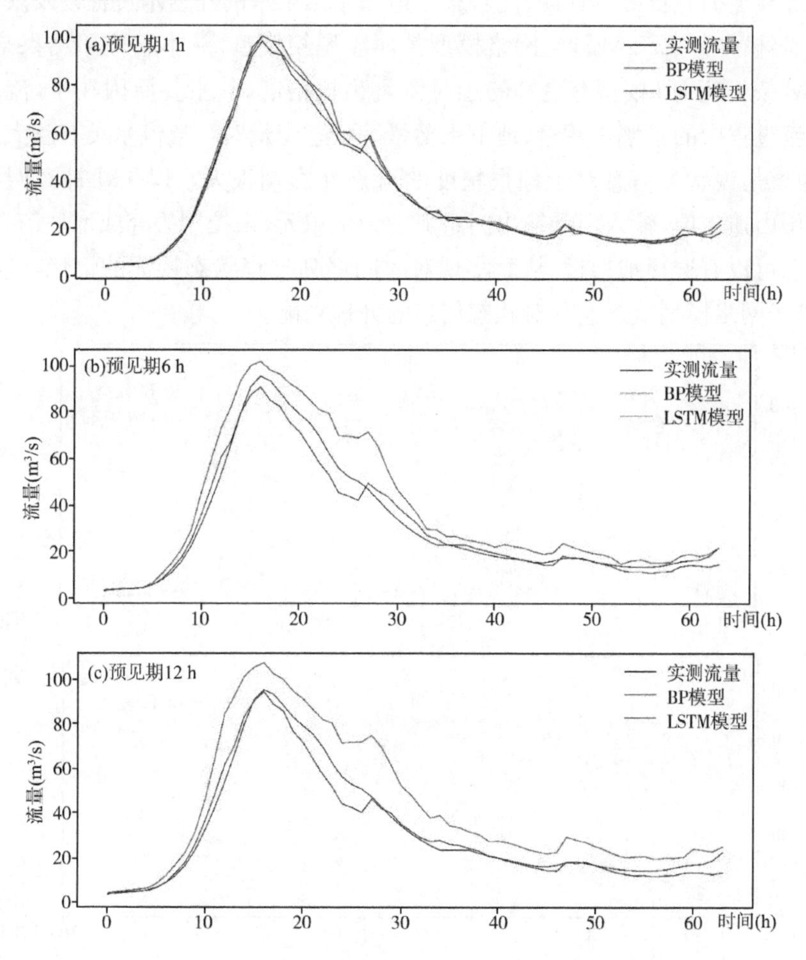

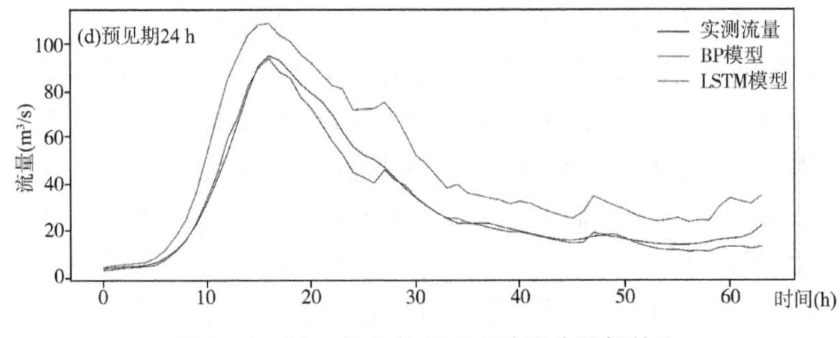

图 3-11　2016 年 9 月 27 号场次洪水预报效果

通过对两场洪水事件预报能力的对比，LSTM 模型在预测洪峰流量以及洪水过程上拥有更好的性能，能够很好地预报出洪水的涨退水过程以及洪量。

BP 模型与 LSTM 神经网络模型都属于黑箱模型，从本书应用结果来看，LSTM 模型比 BP 模型有更好的逐时流量预报精度，其主要原因在于，流域降雨径流过程中的土壤水蓄量、地下水蓄量等状态变量对河流流量具有巨大的影响，也就是说状态信息对于预报精度的可靠性影响很大。LSTM 神经网络模型利用由遗忘门、输入门和输出门组成的记忆单元，来控制丢弃或增加信息，使得信息可以有选择地通过，从而实现对时间序列过程状态特征的记忆功能，而 BP 神经网络模型缺乏这种对状态信息的处理功能。

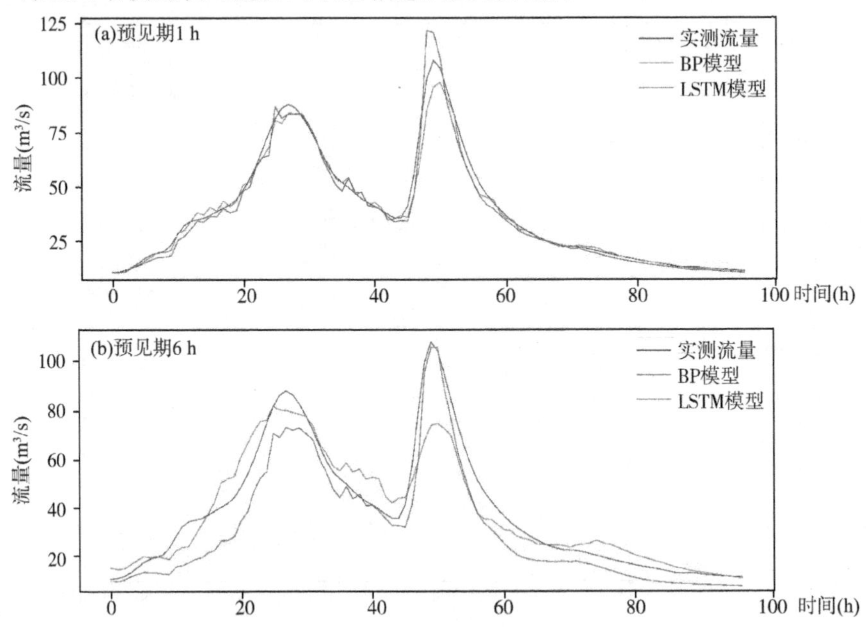

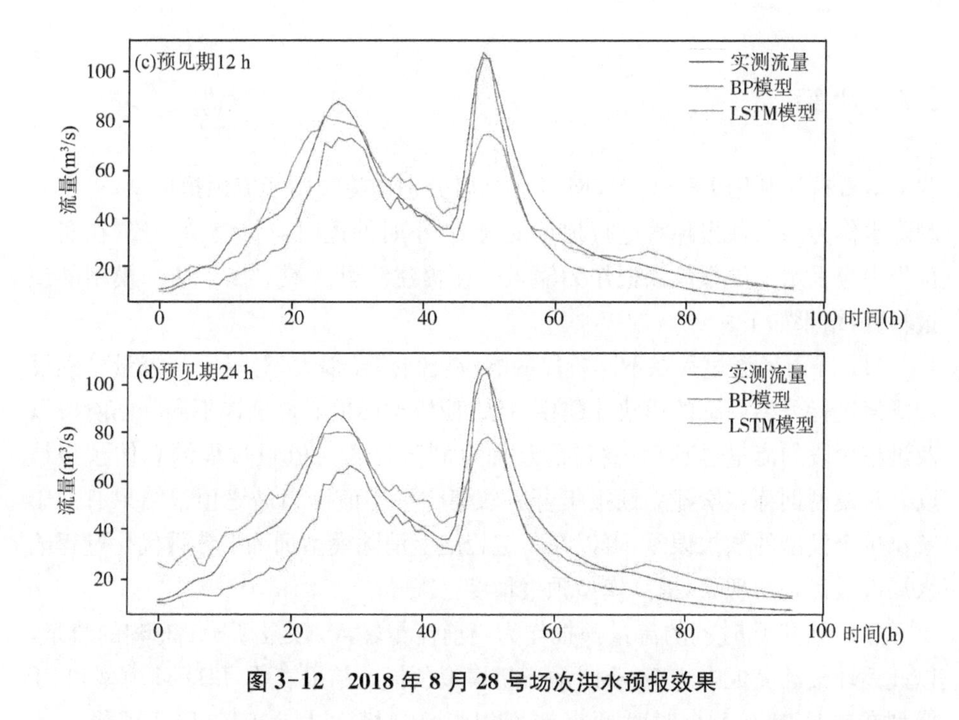

图 3-12　2018 年 8 月 28 号场次洪水预报效果

由于 LSTM 模型的记忆与遗忘功能使得累积误差减少，这使得 LSTM 模型精度衰减速度远远小于 BP 模型，在循环滚动预报中，随预见期的延长，精度的优势不断突显。同时在本书应用中，LSTM 模型的隐含层神经元数量通过试错法确定为 64 个，BP 模型设定为 10 个。在这种设置下，LSTM 模型在 100 次迭代次数下已经能够使得损失函数达到最优，而 BP 模型需要近 1 000 次迭代才能达到 LSTM 模型 100 次迭代的结果。如果将两个模型的隐含层神经元数都设定为 64 个，LSTM 模型的训练速度将更明显优于 BP 模型。

尽管 LSTM 模型中的“门”结构使神经元之间能相互作用，可以使损失函数更好地收敛，提高 LSTM 模型趋近全局最优解的能力，但 LSTM 模型仍然无法完全避免出现局部最优解。为此，本书使用了 Wang 等提出的方法，训练多个神经网络模型，对各模型结果取平均值作为最终结果。该方法简单易行，在一定程度上避免了模型陷入局部最优解。此外，还可以尝试其他一些解决方案，比如使用变化的学习率或蚁群算法[165]等方法，以期进一步提高预报模型的稳定性。

3.4 小结

本章首先利用BP和LSTM神经网络分别构建降雨径流预报模型，采用实测降水作为未来预报降水进行预见期为24小时的逐时流量模拟预报，在实际预报中应采用降雨数值预报作为输入。在福建渡里流域对比了两个模型的预报精度，结果如下。

(1) 降雨径流过程在不同阶段的响应机制差异很大，对降雨与流量分别设定阈值进行分类训练的模块化建模方法，使模型能更好地把握不同降雨阶段以及洪枯阶段的流量过程动态特征，从而有利于提高对流量过程的总体预报精度。对模型训练多次建立预报集合后取集合平均值作为最终预报结果有助于减小单个模型的预报误差，可以在一定程度上消除模型训练中参数优化过程陷入局部最优解的现象，提高模型预报精度。

(2) 利用T时刻的流量预报作为当前流量输入，预报$T+1$时刻的流量，以此循环滚动完成未来24小时的流量模拟预报。结果表明，LSTM模型和BP模型在预见期为1小时时预报精度相当，BP模型为0.975，LSTM模型为0.968。但随着预见期的延长，LSTM模型预报精度的衰减速度远远慢于BP模型，渡里流域BP模型24小时预见期的预报效率系数降至0.51，而LSTM模型为0.74。LSTM模型整体预报效果显著优于BP模型，在实际水文预报作业中具有很高的应用价值。

第四章

无资料区分布式地貌单位线模型 TOPGIUH 的建立与应用

气候变化与人类活动对水文循环的影响在某种程度上破坏了水文气象资料尤其是长期水文气象资料的代表性，无资料/缺资料流域的水文预报问题一直是水文流域关注的焦点和难点。流域水文响应除了受到降水特征的影响，还受控于流域的地貌条件。TOPMODEL 根据流域的地形情况计算每个单元网格的地形指数，将流域中影响径流形成的主要因素基本都考虑在内，符合相应的流域水文物理概念，并且结构简单，参数较少[166]。地貌单位线基于流域地形地貌来描述流域中水分的转移过程，自提出起就被认为是解决无资料与缺资料地区水文问题的最具潜力的方法之一[106]。为了尽可能利用现有的各种来源数据资料，并且充分考虑降雨径流形成过程的各个环节，同时尽量减少需要率定的参数量，本章采用 TOPMODEL 的变动源区产流机制，结合地貌单位线，构建了一个分布式地貌单位线模型（TOPGIUH）。

4.1 TOPGIUH 模型的基本概念

水文模型是水文学家对自然界水文循环的近似描述，TOPMODEL 以地形指数为核心来描述流域中的水文过程，产流模型为蓄满产流模式。TOP-MODEL 模型将每个单元格的土壤分为三层，植被根系层、土壤非饱和层和饱和地下水层。当雨水降落到流域上时，首先补给根系层，当根系层的含水量超过田间持水量时，多余的水分进入土壤非饱和层中。同时模型假设流域蒸发仅在根系层中发生，根系层中的水分以蒸发的形式逐渐消耗。由于重力作用，土壤非饱和层中的重力自由水补给到饱和水中，抬升饱和地下水水位，随着地下水水位抬升至地表时成为饱和面，落在这部分区域上的降雨将直接形成地表径流，同时沿河饱和土壤向河道中排水形成基流。在整个产流过程中，流域的饱和面随着水文循环过程是不断变化的，并且由于受到流域地形与土壤水力性质的影响，靠近河道的部分总是比远离河道的部分先达到饱和，这种现象即为变动产流源区的概念。TOPMODEL 便是典型的变动产流源区水文模型。

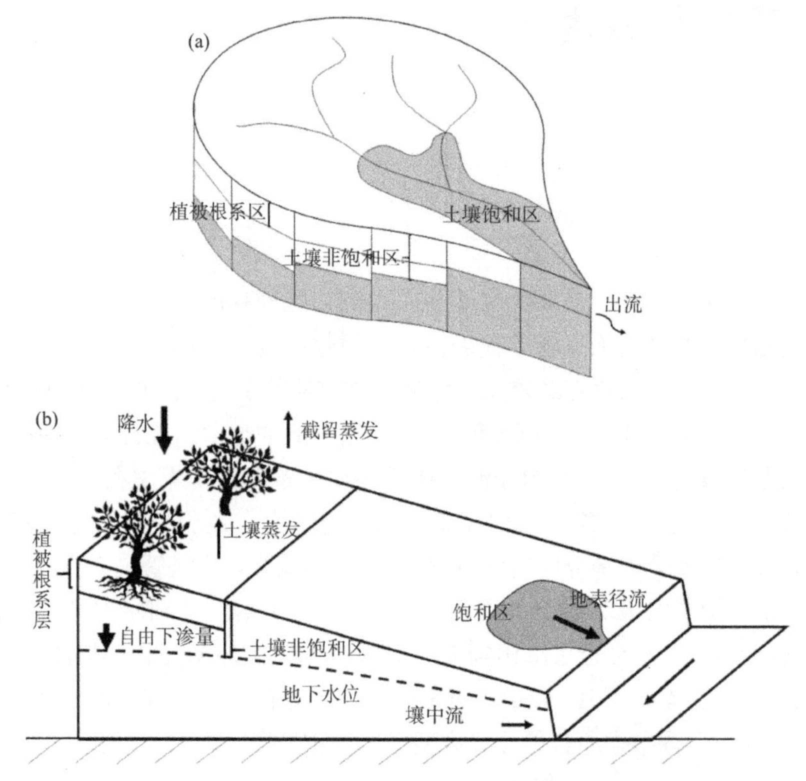

图 4-1　变动产流源区概念与 TOPMODEL 产流概念示意图

本研究在 TOPMODEL 产流机制的基础上，考虑植被截留，将流域径流划分为地表径流、壤中流两个部分。对于靠近河道的饱和坡面，采用基于运动波的地表水汇流机制计算汇流单位线进行汇流模拟。同时，地表径流与壤中流在汇入河道后利用运动波方程计算汇流单位线进行汇流模拟。

4.1.1　截留过程

植被截留过程是指部分降水受到地面植物的枝叶、地表落物的拦截，直接以蒸发形式回归大气的过程。植被截留，是流域水文过程的一个重要环节，截留损失在某些环境下对生态系统有很大影响[167]。很多研究表明，林冠覆盖率的增加会减少流域产流量[168]，森林砍伐可能增大洪峰流量[169]，而草场的森林化则导致洪峰流量减小[170]。气候变化也会导致植被覆盖变化，从而改变水文过程，因此截留损失对流域水量平衡计算不可忽视。在构建水文模型时考虑植被截留非常重要，否则即使建立了径流模拟效果很好的模型，对于其模拟水文过程，尤其是对蒸散发结果的模拟仍然是值得怀疑的[171]。

本模型认为降水受到下垫面植被的截留作用，先补充冠层持水量，直至冠层持水量达到冠层持水能力。冠层持水能力具体先通过归一化植被指数（$NDVI$）来计算叶面积指数（LAI），采用的是 Szporak-Wasilewska 于 2010 年建立的经验公式[172]。当然，如果有其他公式也可采用。

$$LAI = 9.7686 \cdot NDVI - 1.9528 \tag{4-1}$$

然后利用叶面积指数计算冠层持水能力，不同的植被类型建议采用不同的公式，Jong 和 Jetten 针对不同的植被类型推荐了 3 个经验方程[173]：

$$I_{max} = 0.935 + 0.498 \cdot LAI - 0.00575 LAI^2 \tag{4-2}$$

$$I_{max} = 0.3063 \cdot LAI + 0.5753 \tag{4-3}$$

$$I_{max} = 0.490 \cdot LAI + 1.184 \tag{4-4}$$

其中，式(4-2)用来计算农业作物的冠层持水能力，式(4-3)用来计算草甸和灌木的冠层持水能力，式(4-4)用来计算森林的冠层持水能力，$NDVI$ 为归一化植被指数，LAI 为叶面积指数，I_{max} 为冠层持水能力。降水扣除冠层截留量作为下一步产流过程计算的输入，冠层截留水量以蒸发的形式消耗，计算公式如下：

$$I_c(t) = \min[P(t) + I_c(t-1), I_{max}] \tag{4-5}$$

$$P_{is}(t) = \max\{P(t) - [I_{max} - I_c(t-1)], 0\} \tag{4-6}$$

$$ET_i(t) = \min[I_c(t), ET_p(t)] \tag{4-7}$$

其中，$P(t)$ 为降水量，$P_{is}(t)$ 为降水扣除冠层截留量，I_{max} 为冠层持水能力，$I_c(t)$ 为当前计算时段冠层截留量，$I_c(t-1)$ 为上一时段经由蒸发消耗剩余的截留量，$ET_i(t)$ 为截留蒸发量，$ET_p(t)$ 为潜在蒸发量。

4.1.2 土壤蒸发

模型假设土壤蒸发仅在根系层中发生，流域的实际蒸发量计算公式如下：

$$ET_a(t) = ET_p(t)[S_{rz}(t-1)/S_{rz\max}] \tag{4-8}$$

其中，$S_{rz}(t-1)$ 为 $t-1$ 时刻植被根系层蓄水量，$S_{rz\max}$ 为根系层最大蓄水量，$ET_p(t)$ 为潜在蒸发量，$ET_a(t)$ 为土壤实际蒸发量。

可以采用相关的蒸散发公式来先计算潜在蒸发量或是直接采用蒸发皿观测值作为潜在蒸发量，再根据模拟的土壤含水量计算实际土壤蒸发量。1998 年联合国粮农组织（FAO）推荐了 Penman-Monteith 公式作为气象资料齐全时的潜在蒸散发的标准计算公式，并推荐了 Hargreaves 公式作为缺少数据情况下的替代公式。可以采用这两种计算方法计算潜在蒸散发[174]。

FAO56 Penman-Monteith 公式如下：

$$ET_p = \frac{0.408\Delta(R_n - G)}{\Delta + \gamma(1 + 0.34u_2)} + \frac{\frac{900}{T+273}\gamma u_2(e_s - e_a)}{\Delta + \gamma(1 + 0.34u_2)} \tag{4-9}$$

其中，R_n 为净辐射[MJ/(m^2·d)]，G 为地表热通量[MJ/(m^2·d)]，T 为气温（℃），u_2 为距地面 2 m 处风速（m/s），Δ 为气温等于 T 时饱和水汽压-温度曲线斜率（kPa/℃），γ 为湿度计常数（kPa/℃），e_s 为气温 T 的饱和水汽压（kPa），e_a 为气温 T 的实际水汽压（kPa）。

Hargreaves 公式如下：

$$ET_p = CR_a(T_{\max} - T_{\min})^E\left(\frac{T_{\max} - T_{\min}}{2} + T_p\right) \tag{4-10}$$

其中，C、E、T_p 为 Hargreaves 的 3 个参数，其建议值分别为 0.002 3、0.5、17.8。$T_{\max}$ 为最高温度（℃），$T_{\min}$ 为最低温度（℃），R_a 为天文辐射总量[MJ/(m^2·d)]（可以通过 FAO56 文件中提供的公式计算）[175]。

4.1.3 产流过程

根据 Dunne 与 Black 对山坡产流机制的研究[176]，认为在小流域的部分区域暴雨径流主要以地表径流的形式产生的。暴雨前和暴雨期间一部分地表径流在地下水位与地表相交的地方从土壤表面溢出，另一部分则直接进入饱和区。相应的研究表明流域地表径流正常以 100 至 500 倍于地下径流的速度迅速流向河流。在研究流域中，在通往干流河道的过程中壤中流对暴雨径流的贡献相对较小。地下水流对降雨的响应由于土壤中水分的储存和输送而受到严重的抑制，因此地下水对径流的补充相对更为缓慢。产生地表径流的饱和区域可能季节性或在暴雨期间扩张或收缩，它们的位置和变化可能与地质、地形、土壤和降雨特征有关，这也就是变动产流源区的概念。

4.1.3.1　非饱和土壤水下渗

在 TOPMODEL 中，降水首先补给到每个单元网格的根系层中，只有当根系层中的水量超过根系层最大蓄水量时，水分才会转移到下层非饱和土壤中，根系层水分运移过程计算公式如下：

$$S_{rz}(t) = \max\left[P_{is}(t) + S_{rz}(t-1) - ET_a(t), 0\right] \tag{4-11}$$

$$S_{uz}(t) = S_{uz}(t-1) + \max[S_{rz}(t) - S_{rz\max}, 0] \tag{4-12}$$

$$S_{rz}(t) = \min[S_{rz}(t), S_{rz\max}]\text{，当} S_{rz}(t) > 0 \text{ 时} \tag{4-13}$$

其中，$S_{rz}(t)$ 为 t 时刻植被根系层蓄水量，$S_{rz}(t-1)$ 为 $t-1$ 时刻植被根系层蓄水量，$S_{rz\max}$ 为根系层最大蓄水量，$ET_a(t)$ 为土壤实际蒸发量，$S_{uz}(t)$ 为 t 时刻非饱和层中的自由水蓄量，$S_{uz}(t-1)$ 为 $t-1$ 时刻非饱和层中的自由水蓄量。

模型假设进入非饱和层的水以自由水的形式储存在土壤中，并且以一定的速率向饱和地下水补给，下渗速率为 $q_v(t)$，模型中 $q_v(t)$ 与土壤饱和缺水量相关，可以通过以下公式计算：

$$q_v(t) = \min\left[K_0 \exp\left(-\frac{z(t)}{S_{uz\max}}\right), S_{uz}(t)\right] \tag{4-14}$$

其中，$q_v(t)$ 为流域某处非饱和自由水下渗速率，K_0 为饱和土壤导水率，$z(t)$ 为流域上某处的地下水深度，$S_{uz\max}$ 为非饱和区域最大蓄水深度。整个流域的计算时段内非饱和区域下渗总水量为：

$$Q_v(t) = \frac{1}{A}\int q_v(t)\,\mathrm{d}A \tag{4-15}$$

4.1.3.2　地形指数

在 TOPMODEL 中利用地形指数来划分地表径流和壤中流。关于地形指数模型提出以下两个核心假设。

(1) 假设流域的饱和地下水位动态变化可表示为稳定的流域单位面积的均匀地下产流,也就是流域上某点的壤中流量与该点汇流面积上的补给水量是相同的,公式表达为:

$$q = Ra \tag{4-16}$$

其中,R 为流域面积上的平均补给速率,q 为流域某处壤中流出流速率,a 为流域某处的汇流面积。

(2) 假设饱和地下水的水力梯度与地表坡度一致,根据达西定律,壤中流出流速率的计算公式为:

$$q = T\tan\beta \tag{4-17}$$

其中,q 为流域上某处的壤中流出流速率,T 为流域上某处的导水率,$\tan\beta$ 为流域上某处的地表坡度。一般认为流域上某处的导水率与饱和地下水缺水量之间存在相关函数关系,一般可采用负指数函数、二次函数或是线性函数。在本研究中采用负指数函数,计算公式如下:

$$T = T_0 \exp\left(-\frac{z}{S_{uz\max}}\right) \tag{4-18}$$

式中:T_0 为流域饱和导水率,一般假设整个流域的饱和导水率是均匀的,$S_{uz\max}$ 为非饱和土壤层的最大蓄水量,z 为流域上某处的缺水量。

联立式(4-16)、式(4-17)与式(4-18),可得:

$$Ra = T_0 \tan\beta \exp\left(-\frac{z}{S_{uz\max}}\right) \tag{4-19}$$

进而可以获得 z 的计算公式:

$$z = -S_{uz\max} \ln \frac{Ra}{T_0 \tan\beta} \tag{4-20}$$

按流域面积进行积分,可以求得流域平均土壤饱和缺水量 $\bar{z}$ 的计算公式:

$$\bar{z} = \frac{1}{A}\int z \, \mathrm{d}A = \frac{S_{uz\max}}{A}\int \left(-\ln \frac{a}{T_0 \tan\beta} - \ln R\right) \mathrm{d}A \tag{4-21}$$

将式(4-20)代入式(4-21),可得流域平均土壤饱和缺水量 $\bar{z}$ 与流域上某处的缺水量 z 的关系:

$$z = \bar{z} - S_{uz\max}\left(\ln\frac{a}{\tan\beta} - \lambda\right) \tag{4-22}$$

$$\lambda = \frac{1}{A}\int\left(\ln\frac{a}{\tan\beta}\right)\mathrm{d}A \tag{4-23}$$

式中：A 为流域总面积；$\ln\dfrac{a}{\tan\beta}$ 即为 TOPMODEL 模型的核心地形指数，在流域中控制水文产流过程。

4.1.3.3　产流计算

当流域中土壤饱和缺水量 z 为负值时，说明此处的土壤达到饱和状态，多余的水分渗出地面形成饱和坡面径流。计算公式如下：

$$q_s(t) = \max[S_{uz}(t) - q_v(t) - z(t), 0] \tag{4-24}$$

$$S_{uz}(t) = S_{uz}(t) - q_s(t) \tag{4-25}$$

$$Q_s(t) = \frac{1}{A}\int q_s(t)\mathrm{d}A \tag{4-26}$$

式中：$q_s(t)$ 为流域某处地表坡面径流，$Q_s(t)$ 为流域上总的地表径流量，$z(t)$ 为 t 时刻流域某处饱和土壤缺水量，同时模型认为壤中流从河道两侧汇入河流，计算公式为：

$$Q_b(t) = \frac{1}{A}\int q_i(t)\mathrm{d}L = \frac{1}{A}\int T_0\tan\beta\exp\left[-\frac{z(t)}{S_{uz\max}}\right]\mathrm{d}L \tag{4-27}$$

将式(4-22)带入上式，整理得：

$$Q_b(t) = T_0\exp(-\lambda)\exp\left(-\frac{\bar{z}(t)}{S_{uz\max}}\right) = Q_0\exp\left[-\frac{\bar{z}(t)}{S_{uz\max}}\right] \tag{4-28}$$

式中：$Q_0 = T_0\exp(-\lambda)$。

此时，下一时刻的流域平均缺水量计算公式为：

$$\bar{z}(t+1) = \bar{z}(t) - Q_v(t) + Q_b(t) \tag{4-29}$$

假设流域经过很长一段时间没有降水，流域中的出流量为壤中流 $Q_b(1)$，则流域初始土壤缺水量可由以下公式计算：

$$Q_b(1) = Q_0\exp\left[-\frac{\bar{z}(1)}{S_{uz\max}}\right] \tag{4-30}$$

$$\bar{z}(1) = -S_{uz\max} \ln \frac{Q_b(1)}{Q_0} \tag{4-31}$$

4.1.4 基于子流域的地貌单位线汇流

4.1.4.1 地貌单位线计算

根据一般的单位线理论,降雨径流过程也就是降雨沿不同的路径汇集到流域出口形成的相应流量过程线的过程。在一般单位线中,根据 Strahler 河流分级规则,第 i 级的坡面用 S_i 表示,第 i 级河道用 x_i 表示,如果用 w_s 来表示特定路径的汇流过程,那么该路径的选择概率可以用以下公式来表示:

$$P(w_s) = \pi_i P_{s_i x_i} P_{x_i x_j} \cdots P_{x_j x_\Omega} \tag{4-32}$$

其中,$P(w_s)$为路径 w_s 的选择概率;π_i 为降水直接汇入第 i 级河道的概率,也就是直接汇入第 i 级河道的坡面面积占流域总面积的比例;$P_{s_i x_i}$ 为降水从第 i 级坡面汇入第 i 河道的概率,一般认为是 1;$P_{x_i x_j}$ 为降水从第 i 级河道转移到第 j 级河道的概率,可以通过公式 $P_{x_i x_j} = \frac{N_{ij}}{N_i}$ 来计算,其中 N_{ij} 为进入 j 级河道的 i 级河道数量,N_i 为第 i 级河道总数。π_i 可利用以下公式计算:

$$\pi_i = \frac{1}{A_t}\left(N_i \bar{A}_i - \sum_{l=1}^{i-1} N_l \bar{A}_l P_{x_l x_i}\right) \tag{4-33}$$

其中,$\bar{A}_i$ 为第 i 级河道的平均集水面积。让 T_{s_i} 为降水直接汇入第 i 级河道的汇流时间,T_{x_i} 为径流在第 i 级河道中的运移时间,T_{w_s} 为径流在 w_s 路径中直至出口断面运移的总时间,这样就有以下公式:

$$T_{w_s} = T_{s_i} + T_{x_i} + T_{x_j} + \cdots + T_{x_\Omega} \tag{4-34}$$

在流域中,径流在路径 w_s 中的持留时间小于时间 t 的概率为 $P(T_{w_s} < t)$。那么对于整个流域,流域中径流总的持留时间小于时间 t 的概率可用以下公式表达:

$$P(T < t) = \sum_{w_s \in W_s} P(T_{w_s} < t) \cdot P(w_s) \tag{4-35}$$

其中,W_s 为包含所有径流路径的集合,$P(w_s)$为路径 w_s 的选择概率,对于地貌复杂的流域,采用概率密度函数表示径流在同一级河道中的运移时间比用一个固定值更为合理。若流域中每条路径中的径流运移时间在统计学意义上是独立的，用 $f_{x_i}(t)$ 表示以径流在状态 x_i 中运移时间 T_{x_i} 为参数的概率密度函数，则根据 Rodriguez-Iturbe 与 Valdes 在 1979 年的研究成果，地表径流的瞬时单位线公式可表示如下[106]：

$$u_s(t)=\sum_{w_s\in W_s}[f_{s_i}(t)*f_{x_i}(t)*f_{x_j}(t)*\cdots*f_{x_\Omega}(t)]_{w_s}P(w_s) \tag{4-36}$$

其中，$u_s(t)$ 为地表径流瞬时单位线，星号 $*$ 为卷积符号。这里采用将流域的水文行为概化为线性水库和线性河道串联或并行组合的概念，因此地表径流、壤中流的概率密度函数可用以下公式表达：

$$f_{x_i}(t)=\frac{1}{T_{x_i}}\exp\left(\frac{-t}{T_{x_i}}\right) \tag{4-37}$$

其中，T_{x_i} 为径流在第 i 级河道中的平均运移时间。在本书中，通过 DEM 划分子流域后，可以确定地获取每个子流域的河流地貌参数，且每个子流域的径流转移过程也已经确定，同时根据产流计算，可以确定模型在每一计算时段的流域饱和面积，在此基础上考虑将地表径流与壤中流分别进行地貌单位线汇流计算，从而可以确定每个子流域至河口的地表径流汇流单位线 $u_s(i,t)$ 与河道径流地貌单位线 $u_c(i,t)$，计算公式如下：

$$u_s(i,t)=f_{s_i}(t)*f_{x_i}(t)*f_{x_j}(t)*\cdots*f_{x_\Omega}(t) \tag{4-38}$$

$$u_c(i,t)=f_{x_i}(t)*f_{x_j}(t)*\cdots*f_{x_\Omega}(t) \tag{4-39}$$

由卷积关系可以获得流域出口断面流量的卷积计算公式：

$$Q=\sum\int_0^t u_s(i,t-\tau)Q_s(i,\tau)+u_c(i,t-\tau)Q_b(i,\tau)\mathrm{d}\tau \tag{4-40}$$

其中，$u_s(i,t)$ 为子流域 i 的地表径流地貌瞬时单位线，$u_c(i,t)$ 为子流域 i 的河道径流地貌瞬时单位线，$Q_s(\tau)$ 为 τ 时刻的地表径流产流量，$Q_b(\tau)$ 为 τ 时刻的壤中流产流量，Q 为流域出口断面的径流。这样只要确定每个子流域中坡面径流与河道径流的运移时间，便可计算出流域出口断面的径流过程。

4.1.4.2　坡面径流运移时间

坡面径流运移时间采用运动波理论来计算，根据地形指数，可以计算出每个子流域的饱和面积，将流域中的饱和坡面概化成一个 V 形模型。每一个子流域的坡面的饱和长度也就可以用下式表示：

$$L_{szi}=\frac{A_s}{2L_{ci}} \tag{4-41}$$

其中，A_s 为流域饱和区域总面积，L_{ci} 是子流域 i 的河道平均长度，只有土壤饱和的区域才会产生地表径流。根据运动波理论，地表径流近似连续方程与简化动量方程表示如下：

$$\frac{\partial h_{oi}}{\partial t}+\frac{\partial q_{oi}}{\partial x}=q_L \tag{4-42}$$

$$q_{oi}=\alpha_o h_{oi}^m \tag{4-43}$$

其中，x 为径流方向，h_{oi} 为子流域 i 的坡面径流深度，q_{oi} 为子流域 i 的坡面径流的单宽流量，q_L 为坡面径流的侧向补给量。在坡面汇流过程中，q_L 即为本模型中的地表径流量。根据曼宁公式常数 m 一般取 5/3。α_o 为坡面径流的水力特征参数，按照曼宁公式，取 $\frac{s_{oi}^{0.5}}{n_o}$，s_{oi} 为子流域 i 的坡面平均坡度，n_o 为坡面的糙率，其取值采用 Engman 研究中给出的数值[177]。坡面径流量会随时间一直增加直到达到平衡状态，L_{szi} 为子流域 i 的坡面饱和长度，径流在坡面上的平均汇流时间可用以下公式表示：

$$T_{s_i}=\left(\frac{n_o L_{szi}}{s_{oi}^{0.5} q_L^{m-1}}\right)^{\frac{1}{m}} \tag{4-44}$$

4.1.4.3　河道径流运移时间

补给到河道中的侧向径流为河道两侧的坡面径流与壤中流，一般而言，河面由于占整个流域的面积非常小，可将河面降雨量忽略不计。因此，对于宽度为 B_i 的子流域 i 的河道，动量方程和连续方程可用以下公式表达：

$$B_i\frac{\partial h_{ci}}{\partial t}+\frac{\partial Q_{ci}}{\partial x}=q_L \tag{4-45}$$

$$Q_{ci}=\alpha_c h_{ci}^m \tag{4-46}$$

其中，h_{ci} 为子流域 i 的河道径流深度，Q_{ci} 为子流域 i 的河道流量，α_c 为河道径流的水力特征参数，其值近似等于 $\frac{B_i s_{ci}^{\frac{1}{2}}}{n_c}$，这里 s_{ci} 为子流域 i 的河道平均坡度，n_c 为河道糙率。根据 1965 年 Wooding 的研究[105]，径流在子流域 i 的河道中的运动时间为：

$$T_{x_i}=\frac{B_i}{q_L}\left(\frac{q_L n_c L_{ci}}{B_i s_{ci}^{\frac{1}{2}}}\right)^{\frac{1}{m}} \tag{4-47}$$

其中，q_L 为子流域 i 的补给河道径流的地表径流和壤中流之和。而河宽 B_i 一般情况下随着河道级数的增加而变宽，本书采用一种线性经验公式来确定各级河道的河宽，公式如下：

$$B_i=B_\Omega\frac{\sum_{l=1}^{i}L_{cl}}{\sum_{l=1}^{\Omega}L_{cl}} \tag{4-48}$$

其中，B_Ω 为最高级河宽，L_{cl} 为第 l 级河道长度，可以通过实际的水文站点数据获取，也可利用 Google Earth 卫星影像估算。

4.1.5　模型参数

TOPGIUH 模型基于 TOPMODEL 地形指数将截留后的雨量划分成为地表径流与壤中流，并根据地貌单位线方法计算汇流过程，模型计算流程如下图。

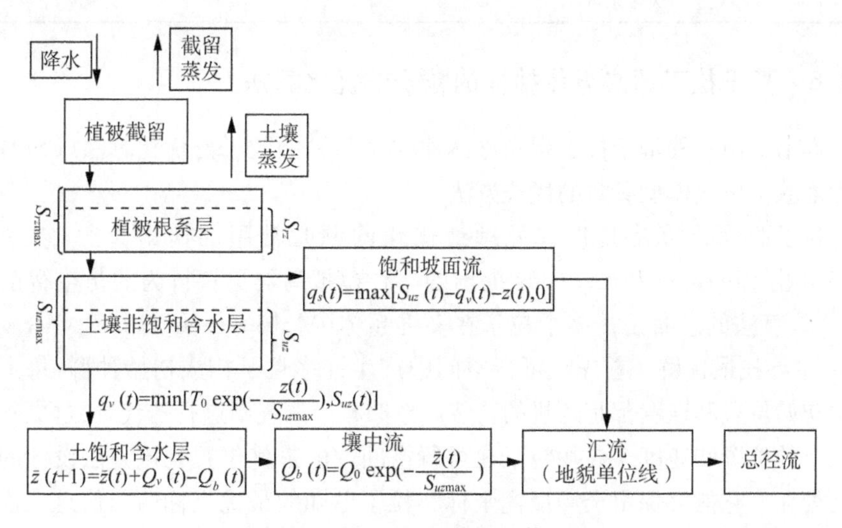

图 4-2　TOPGIUH 模型计算流程

在模型计算过程中，首先需要确定相应的模型参数。TOPGIUH 模型共计 11 类参数，在表 4-1 中列出，其中 1 至 5 号参数为河流地貌参数，一般都可以通过数字高程模型（DEM）与地理信息处理工具来获取，6 至 11 号参数为流域相关的物理参数，有条件的可以通过实验来获取或者通过查阅现有的相关研究资料获取，也可以采用相应的参数优化算法在合理的取值范围内进行优选。

表 4-1　TOPGIUH 模型参数列表

序号	参数名称	缩写	单位	获取方法
1	流域总面积	A_t	m^2	DEM 计算
2	子流域 i 的面积	A_i	m^2	
3	子流域 i 的河道平均长度	L_{ci}	m	
4	子流域 i 的坡面平均坡度	s_{oi}	rad	
5	子流域 i 的河道平均坡度	s_{ci}	rad	
6	最高级河宽	B_Ω	m	(1) 实验测定 (2) 查询资料 (3) 优化算法
7	饱和土壤水力传导度	T_o	m/h	
8	坡面糙率	n_o	—	
9	河道糙率	n_c	—	
10	非饱和层最大蓄水量	$S_{uz\max}$	m	
11	根系层最大蓄水量	$S_{rz\max}$	m	

4.1.6　基于拉丁超立方体抽样的粒子群优化算法

本书采用一种基于拉丁超立方体抽样（LHS）的粒子群优化算法（PSO）来作为地貌单位线模型参数的优选方法。

粒子群优化算法是现代处理最优化问题时常用的搜索算法，它是于 1995 年由 Eberhart 和 Kennedy 提出的一种模拟鸟群觅食行为的仿生智能算法[178]。算法的思路是让多个粒子在多维超体（Multi-dimensional Hyper-volume）中寻找最优解。首先在可行空间中产生许多粒子构成初始种群，每个粒子的初始位置和速度都是随机的。然后按照相应的规则进行迭代，通过更新每个粒子的位置和速度来寻找粒子在可行空间中的最优位置。该方法设计的巧妙之处在于它能够保留全局最优坐标和粒子已知的最优坐标两个信息。优化计算过程中保留这两个信息能够有效加快收敛速度并且能够避免算法过早陷入局部最优解。

Mckay 等人提出的用来抽样实验的拉丁超立方体抽样方法(LHS),能够有效避免在抽样次数较少时的聚集问题,可以花费较少的时间和精力就能够获得均匀分布在实验空间中具有较强代表性的样本[179]。拉丁超立方体抽样方法除了可以使样本点均匀分布于实验空间中之外,用 LHS 方法获取的样本点还具有随机性,同时这些样本点是无偏的且方差较小。LHS 方法具有较好的稳定性,可以适应不同的模型,具有广泛的应用价值。

将拉丁超立方体抽样方法应用到粒子群优化算法中,可以让粒子在搜索过程中根据自身选择方向,从而使粒子自身可以发现收敛趋势,加快收敛速度。同时基于 LHS 的搜索方法增强和平衡了粒子群优化算法的全局优化和局部优化的能力,提高优化结果的精度[180]。

4.2　TOPGIUH 模型验证

在闽江下游支流闽清流域对 TOPGIUH 模型进行验证,闽清水文站是闽江梅溪干流控制站,梅溪经此绕过闽清县城汇入闽江,集水面积为 934 km^2,河道长 78.1 km,河道坡降 13‰。闽清站测验河段顺直,水流平顺通畅,河床稳定;测验断面河床由沙与卵石组成,河床组成稳定,测流断面下游 100 m 处的急滩为低水控制,下游 200 m 处的弯道则为中、高水控制。流域内地势高低悬殊,最大高差达 1 246 m,地貌复杂多样,植被良好,森林覆盖率达 68.74%。梅溪支流众多,主要有金沙溪、文定溪、池园溪、岭寨溪等四大支流汇入,水体面积占 0.18%。闽清流域属中亚热带季风气候,气候温和,雨量充沛,受锋面雨和台风影响,降雨量时空分布上雨季、旱季十分明显。受山地地形影响,梅溪洪水具有典型山区性河流的历时短、涨幅大、暴涨暴落的特性,局部易发山洪泥石流灾害。图 4-3 展示了闽清流域的基本情况。

4.2.1　模型所需数据与参数获取

4.2.1.1　子流域划分与河流地貌参数计算

DEM 数据是对流域进行地形地貌分析最为核心与基础的数据资料,在本书构建的 TOPGIUH 模型中,需要利用 DEM 数据来分析流域地形地貌情况与获取相应的参数。数字高程模型(DEM)采用的是从中国地理空间数据云下载的 GDEMV2 30 m 分辨率 DEM 数据。利用 QGIS 与 SAGA GIS 软件对 DEM

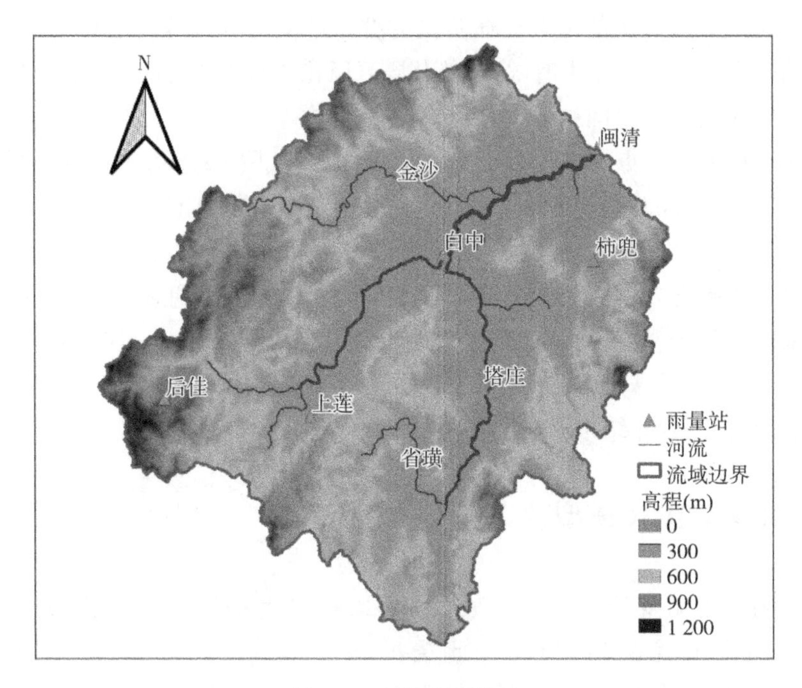

图 4-3　闽清流域概况

数据进行填洼处理，采用 D∞算法进行流域分析。D∞算法是 Tarboton 在 Lea 算法和 DEMON 算法的基础上，综合两种方法的优点而提出的一种流向算法。算法通过三角面坡向来确定流向，每个网格中心点有 8 个相同的三角面，水流流向坡度最陡的三角面，汇流面积按比例分配给坡度最陡三角面对应的两个网格[181,182]。

图 4-3 给出了闽清流域的地形地貌分析结果，首先对 DEM[图 4-4(a)]进行分析，生成相应的汇流面积[图 4-4(b)]、坡度[图 4-4(c)]与流路长度[图 4-4(d)]文件。由于闽清流域总面积 937.16 km^2，属于中小流域，因此对河流按 Strahler 河网分级规则划分为三级，将流域划分成为 12 个子流域[图 4-4(e)]，并统计计算模型所需相关河流地貌参数，包括各个子流域的编号、径流转移路径(即各个子流域汇入下一级子流域的编号，以便模型进行汇流计算)、河道长度、流域面积、河道坡度与相应的坡面坡度，在表 4-2 中列出。最后根据流域的坡度数据与网格汇流面积，根据公式 $\ln(a/\tan\beta)$ 计算得到流域的地形指数，图 4-4(f)展示了闽清流域的地形指数空间分布。

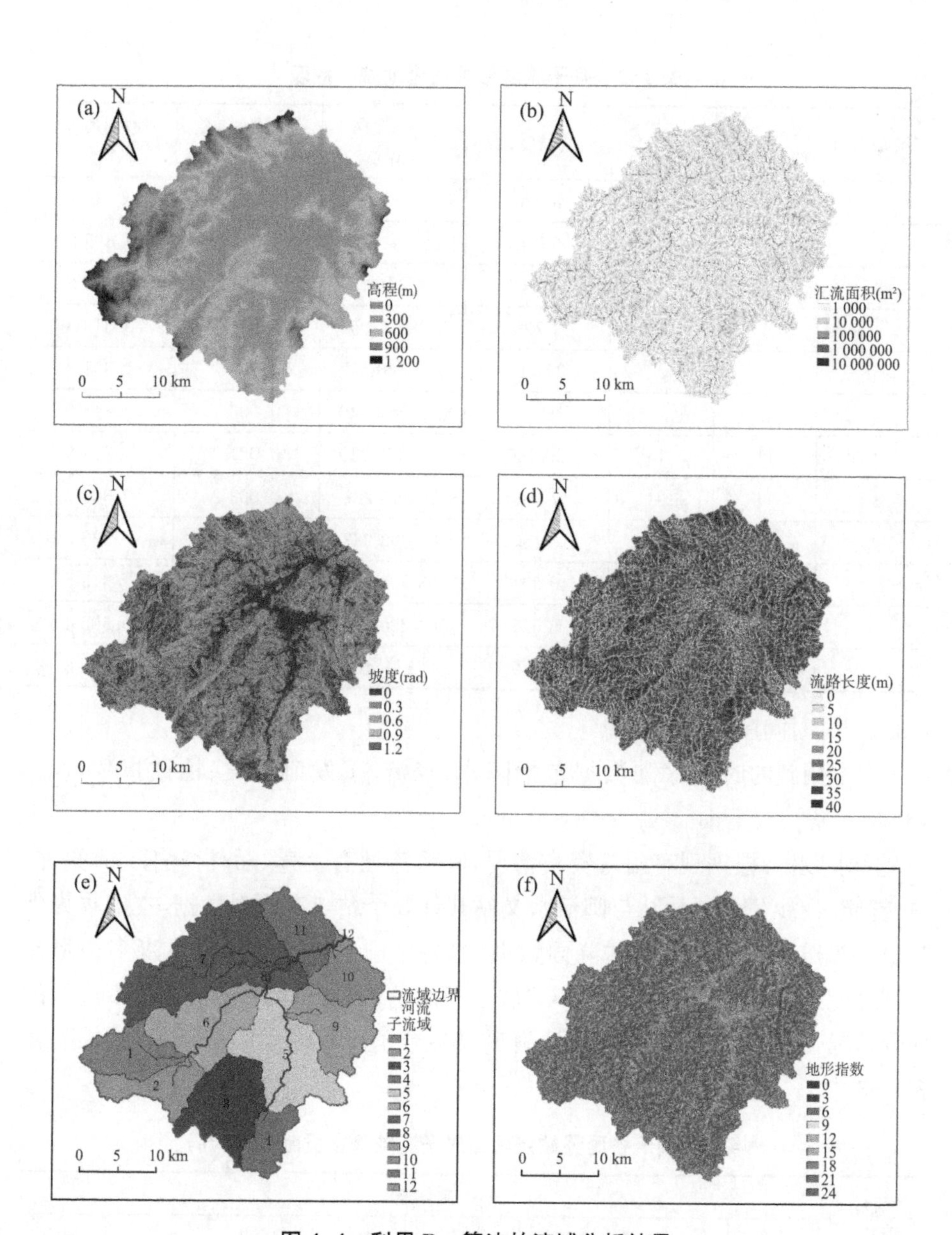

图 4-4　利用 D∞算法的流域分析结果

表 4-2　各子流域相关河流地貌参数表

子流域编号	下一级子流域编号	河流分级	河流长度(m)	子流域面积(m^2)	河流坡度(rad)	坡面坡度(rad)
1	6	1	8 398	66 732 894	0.026 0	0.336 8
2	6	1	6 982	57 332 035	0.015 8	0.315 9
3	5	1	14 942	107 306 155	0.011 2	0.303 6
4	5	1	1 796	42 858 480	0.002 8	0.313 3
5	8	2	24 211	133 880 517	0.003 7	0.301 3
6	8	2	19 635	102 693 340	0.006 1	0.318 0
7	11	1	29 286	178 467 119	0.021 3	0.318 4
8	11	3	7 786	36 405 287	0.003 3	0.304 7
9	5	1	6 160	82 908 987	0.003 7	0.326 2
10	12	1	2 001	53 505 188	0.015 0	0.318 5
11	12	3	6 629	64 220 692	0.003 5	0.308 4
12	—	3	2 469	4 366 242	0.004 5	0.309 0

4.2.1.2　时间序列数据

本书用到的时间序列数据包括降水、径流、蒸发皿蒸发、植被指数(NDVI)。

降水数据:根据现有雨量资料情况,闽清流域有上莲、后佳、塔庄、柿兜、白中、省璜、金沙 7 个雨量站与闽清水文站共计 8 个站点有雨量数据,本书收集到 2014—2018 年共 5 年的逐时降雨数据,将各个雨量站雨量根据泰森多边形按比例分配到每个子流域上。图 4-5 展示了闽清流域的子流域与泰森多边形的划分情况,以此来计算每个雨量站雨量对各个子流域降水的贡献率,结果列在表 4-3 中。

表 4-3　闽清各雨量站点雨量对子流域降水贡献率表(%)

子流域编号	雨量站							
	后佳	上莲	省璜	塔庄	白中	金沙	闽清	柿兜
1	0.17	0.83						
2	0.62	0.38						
3		0.23	0.76	0.01				
4			1					
5		0.02	0.1	0.73	0.15			

续表

子流域编号	雨量站							
	后佳	上莲	省璜	塔庄	白中	金沙	闽清	柿兜
6	0.06	0.56			0.34	0.04		
7	0.15	0.03			0.03	0.79		
8					0.7	0.28		0.02
9				0.31	0.07			0.62
10							0.17	0.83
11					0.04	0.23	0.68	0.05
12								1

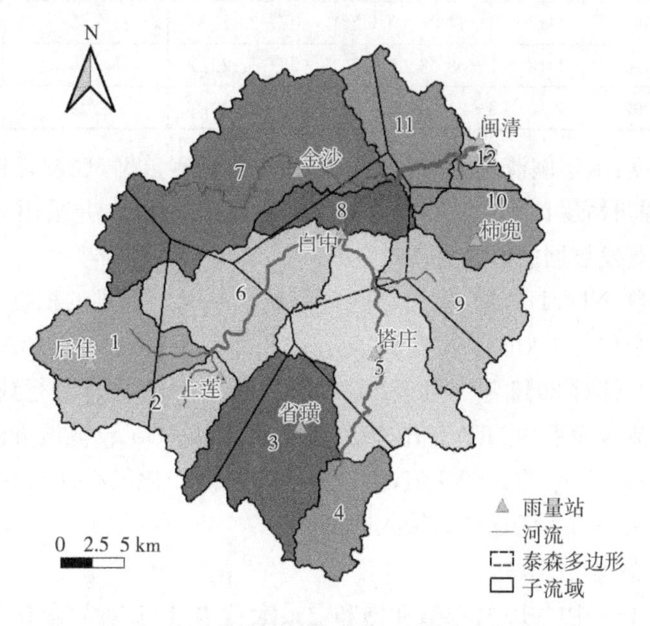

图 4-5　闽清流域雨量站点与泰森多边形划分

径流数据：闽清水文站中、高水控制较稳定，冲淤变化不大，一般认为水位-流量关系较稳定，为关系良好的单一线。通过收集整编获取了闽清水文站 2014 年 4 月至 2018 年 11 月的逐时流量数据，根据闽清站的洪水要素摘录表获取了水文站自 2014 年至 2018 年的历史洪水资料。选择闽清水文站从 2014 年到 2018 年发生的 11 场洪水，以此作为闽清流域 TOPGIUH模型模拟预报结果分析比较的依据。各场次洪水的主要特征要素统计如表 4-4 所示。

表 4-4　闽清水文站各场次洪水特征要素统计表

序号	洪号	起始时间	结束时间	洪峰流量(m^3/s)	历时(h)
1	20140423	2014-04-23 16:00	2014-04-28 08:00	358	113
2	20140517	2014-05-17 00:00	2014-05-29 20:00	474	309
3	20140616	2014-06-16 00:00	2014-06-22 22:00	1 170	167
4	20150519	2015-05-19 05:00	2015-05-23 00:00	278	92
5	20150808	2015-08-08 06:00	2015-08-12 19:00	941	110
6	20160611	2016-06-11 08:00	2016-06-21 08:00	1 020	241
7	20160709	2016-07-09 00:00	2016-07-15 00:00	4 640	145
8	20170421	2017-04-21 08:00	2017-04-23 23:00	408	64
9	20170614	2017-06-14 08:00	2017-06-29 20:00	375	373
10	20180708	2018-07-08 02:00	2018-07-12 20:00	536	115
11	20180921	2018-09-21 20:00	2018-10-01 00:00	739	221

蒸发数据：由于闽清流域没有相应的蒸发皿观测数据，也没有相关的气象要素，采用福州站逐日蒸发皿蒸发数据作为潜在蒸散输入，并采用 Spline 插值方法将逐日蒸发数据插值成为逐时数据。

植被指数(NDVI)数据：采用美国国家航空航天局提供的根据 MODIS 卫星遥感数据制作的 1 km 分辨率 16 天合成产品(MODIS MOD13A2)；利用闽清流域边界文件对 2015 年 9 月至 2019 年 6 月的 NDVI 图像进行裁剪，剔除异常值后计算流域面平均 NDVI 值，然后利用 Savitzky-Golay 滤波方法插值获得闽清流域逐日流域平均 NDVI 值，由于 NDVI 日内变化很小，因此在模型中直接以逐日流域平均 NDVI 作为输入即可。

4.2.1.3　土壤参数

对于表 4-1 中的 10 号参数非饱和层最大蓄水量与 11 号参数根系层最大蓄水量，可以根据土壤质地参数初步确定，计算公式如下：

$$S_{uz\max}=D(SAT-FC) \tag{4-49}$$

$$S_{rz\max}=D_{rz}(FC-WP) \tag{4-50}$$

其中，D 为流域内土壤厚度，D_{rz} 为根系层土壤厚度，SAT 为饱和土壤含水率，FC 为田间持水量，WP 为土壤凋萎含水率。可以根据土壤数据(包括流域内主要土壤类型、各类型土壤的厚度、沙粒含量、黏粒含量、砾石含量、有机碳含量、土壤含盐量)由以下公式计算获得各类型土壤的凋萎系数、田间持水量、饱和土壤含水量与饱和土壤水力传导度[183]：

$$OM=\frac{OC}{0.58} \tag{4-51}$$

$$\begin{aligned}\theta_{1\,500\,t}=&-0.024S+0.487C+0.006OM+0.005(S\times OM)\\&-0.013(C\times OM)+0.068(S\times C)+0.031\end{aligned} \tag{4-52}$$

$$\begin{aligned}\theta_{33\,t}=&-0.251S+0.195C+0.011OM+0.006(S\times OM)\\&-0.27(C\times OM)+0.452(S\times C)+0.299\end{aligned} \tag{4-53}$$

$$\theta_{33}=\theta_{33\,t}+1.283\theta_{33\,t}^{2}-0.374\theta_{33\,t}-0.015 \tag{4-54}$$

$$\begin{aligned}\theta_{(S-33)t}=&0.278S+0.034C+0.022OM-0.018(S\times OM)\\&-0.027(C\times OM)-0.584(S\times C)+0.078\end{aligned} \tag{4-55}$$

$$\theta_{(S-33)}=\theta_{(S-33)t}+0.636\theta_{(S-33)t}-0.107 \tag{4-56}$$

$$WP=\theta_{1\,500\,t}+(0.14\theta_{1\,500\,t}-0.02) \tag{4-57}$$

$$FC=\theta_{33\,t}+(1.283\theta_{33\,t}^{2}-0.374\theta_{33\,t}-0.015) \tag{4-58}$$

$$SAT=\theta_{33}+\theta_{(S-33)}-0.097S+0.043 \tag{4-59}$$

$$\theta_{1\,500}=\theta_{1\,500\,t}+0.14\theta_{1\,500\,t}-0.02 \tag{4-60}$$

$$B=[\ln(1\,500)-\ln(33)]/[\ln(\theta_{33})-\ln(\theta_{1\,500})] \tag{4-61}$$

$$T_0=1.93(SAT-\theta_{33})^{(3-\frac{1}{B})} \tag{4-62}$$

式中：S 为沙粒含量(%)，C 为黏粒含量(%)，R 为砾石含量(%)，OC 为有机碳含量(%)，OM 为有机质含量(%)，$\theta_{1\,500}$ 为 1 500 kPa 时的土壤湿度(%)，θ_{33} 为 33 kPa 时的土壤湿度(%)，$\theta_{(S-33)}$ 为 0～33 kPa 时的土壤湿度(%)，WP 为土壤凋萎含水率(%)、FC 为田间持水量(%)，SAT 为饱和土壤体积含水量(%)，T_0 为饱和土壤水力传导度(m/h)。

土壤质地数据来源于 2009 年联合国粮农组织(FAO)和维也纳国际应用系统分析研究所(IIASA)所构建的世界土壤数据库(HWSD)。其中中国境内的数据为第二次全国土地调查南京土壤所所提供的 1：100 万土壤数据，坐标系统采用的是 WGS1984 地理坐标。HWSD 数据提供了每种类型土壤计算凋萎系数、田间持水量与饱和土壤体积含水量所需的沙粒含量、黏粒含量、砾石含量、有机碳含量、土壤含盐量与有机质含量参数。利用流域边界文件对世界土壤数据库的分类栅格文件进行裁剪，获得闽清流域的相关土壤质地数据，闽清流域的土壤分布情况见图 4-6。

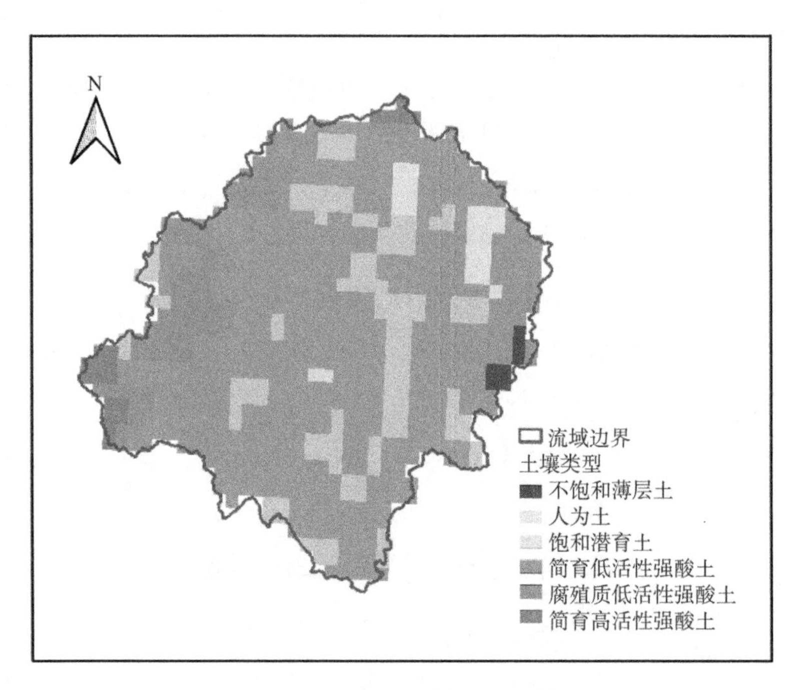

图 4-6　闽清流域土壤类型分布

闽清流域内共有 6 种类型的土壤，分别为简育低活性强酸土、人为土、腐殖质低活性强酸土、简育高活性强酸土、不饱和薄层土和饱和潜育土，各类型土壤数据在流域中的面积占比在表 4-5 列出。其中分布最广的土壤类型为简育低活性强酸土，面积占比约 66.8%。其次是面积占比 18.4%的人为土与面积占比 11.4%的腐殖质低活性强酸土。简育高活性强酸土、不饱和薄层土和饱和潜育土在流域内占比相对较小。

表 4-5　闽清流域各土壤类型比例

序号	土壤类型	缩写	面积比(%)
1	简育低活性强酸土	ACh	66.8
2	人为土	ATc	18.4
3	腐殖质低活性强酸土	ACu	11.4
4	简育高活性强酸土	ALh	2.4

续表

序号	土壤类型	缩写	面积比(%)
5	不饱和薄层土	LPd	0.8
6	饱和潜育土	GLe	0.2

查询对应土壤属性数据库中各类型土壤属性数据，并据此计算出土壤凋萎系数、田间持水量、土壤饱和含水量参数与饱和土壤水力传导度，根据 HWSD 数据，初步确定土壤深度为 2 m。根据周锡成 2017 年的研究，一般树木的根系深度在 0.9 m 以下，大部分根系分布在 0.6 m 的土层中[184]。因此初步确定土壤根系层为 0.6 m。利用式(4-49)与式(4-50)来计算非饱和层最大蓄水量 $S_{uz\max}$ 与根系层最大蓄水量 $S_{rz\max}$（见表 4-6）。

表 4-6　闽清流域主要土壤质地属性与土壤含水量参数

参数名		ACh	ATc	ACu	ALh	LPd	GLe
土壤质地参数	沙粒含量(%)	10	10	25	8	28	4
	黏粒含量(%)	52	29	50	40	46	37
	砾石含量(%)	24	21	23	23	21	23
	有机碳含量(%)	1	1.12	1.80	1.16	1.09	1.07
	土壤含盐量(dS/m)	0.1	0.3	0.1	0.1	0.1	0.1
	土壤深度(m)	2	2	2	2	2	2
	根系层深度(m)	0.6	0.6	0.6	0.6	0.6	0.6
土壤水分参数	凋萎系数(%)	15.5	13.9	15.8	15.1	13.9	15.0
	田间持水量(%)	26.7	30.0	28.1	28.7	26.5	29.2
	饱和含水量(%)	42.9	45.6	46.1	44.7	43.8	44.7
模型参数	$S_{uz\max}$ (m)	0.322	0.312	0.360	0.319	0.345	0.310
	$S_{rz\max}$ (m)	0.068	0.097	0.074	0.082	0.076	0.085
	T_0 (m/h)	0.006 2	0.005 0	0.008 7	0.005 8	0.007 3	0.005 2

4.2.1.4　其他参数

模型还有最高级河宽、坡面糙率、河道糙率这 3 个参数需要确定，其中最高级河宽根据在 Google Earth 影像图的测量大致为 60 m。确定闽清流域河道糙率范围为 0.010～0.060[185]。根据 Engman 与高二鹏等人的研究成果[177,186]，由于流域内植被发育良好，森林覆盖率高，确定闽清流域的坡面糙率范围为 0.39～0.63。同时，由于通过计算获取的饱和土壤水力传导度与真实流域情况存在差异，因此在闽清流域添加一个饱和土壤水力传导度修正参数 k 来适应模型。

采用粒子群优化算法对模型参数进行调整率定，粒子群优化算法设定最大迭代次数为 2 000，自变量个数即需要率定的参数个数为 3，粒子个数为 20，搜索空间为－15 至 15，惯性权重抽样范围为 0.4 到 0.95，加速因子抽样范围为 0.5 到 2.5，以确定性系数 *DC* 作为率定目标函数。以 20140423、20140517、20140616 和 20150519 这 4 场洪水作为率定依据，最终确定的闽清流域 TOPGIUH 模型参数在表 4-7 中列出。

表 4-7　闽清流域 TOPGIUH 模型其他参数

参数名	缩写	参数值
最高级河宽	B_{Ω}	60
河道糙率	n_c	0.013
坡面糙率	n_o	0.52
饱和土壤水力传导度修正参数	k	2.1

4.2.2　模拟验证结果与讨论

以闽清 2014 年至 2018 年的 11 场洪水为例，验证 TOPGIUH 模型的适用性，对于每一场洪水，模型有初始冠层截留量 $I_c(1)$ 、流域初始平均土壤饱和缺水量 $\bar{z}(1)$ 、初始植被根系层蓄水量 $S_{rz}(1)$ 与初始非饱和层中的自由水蓄水量 $S_{uz}(1)$ 四个初始状态变量，其中初始冠层截留量与初始非饱和层中的自由水蓄水量按模型一般均设为 0，而初始平均土壤饱和缺水量可以根据公式(4-29)、(4-30)来计算。对于初始植被根系层蓄水量，通过率定的方法来确定每一场洪水的初始植被根系层蓄水量。

场次洪水模拟预报精度评价结果见表 4-8，图 4-7 展示了闽清流域 11 场洪水降雨径流过程线的模拟预报结果。率定期与验证期的 11 场洪水的模拟径流的确定性系数均超过 0.5，最高为 20150808 与 20170614 两场洪水，确定性系数均达到了 0.87，最低为 20160611 场次洪水，确定性系数为 0.55。峰现时间的误差仅有 20150519 这一场超过两个小时，原因为这是一场双峰洪水，后一洪峰高于前一洪峰，并且前后两个洪峰相差不大。而模拟洪水前一洪峰高于后一洪峰，导致了计算最大洪峰峰现时间出现较大误差，但是整体还是能很好地反映洪水过程。TOPGIUH 模型对于洪峰流量的模拟结果相对误差稍大，最大洪峰相对误差(20140616 场次洪水)高达－39.5%。*RMSE* 与径流相对误差也都比较合理。总的来说,TOPGIUH 模型可以较好地模拟闽江小流域的降雨径流过程。

根据闽清流域的验证结果,TOPGIUH 模型能够较好地模拟流域的降雨径流过程,模型中需要通过率定方式来调整的参数共有 3 个,分别为河道糙率、坡面糙率与饱和土壤水力传导度修正参数。土壤水力传导度修正参数可以调整流域产流情况,影响了产流过程。在闽清流域设定土壤水力传导度修正参数,是由于无法确定通过 HWSD 数据计算获取的饱和土壤水力传导度是否能代表流域的实际情况,但是将土壤水力传导度修正参数设置为 1 时,TOPGIUH 模型计算的产流明显偏大,与真实的产流情况相差非常大。所以通过修正参数来调整流域的饱和土壤水力传导度,可以大幅改善模型在洪水模拟过程中的产流计算表现。河道糙率与坡面糙率属于计算地貌单位线所需参数,影响了汇流过程。糙率作为表征水流边界对水流阻力影响的无量纲参数,其越小流速越大,汇流越快。一般情况下糙率可以通过查表、水力学公式或糙率公式来获取[134]。

表 4-8　闽清洪水模拟预报精度评价结果

洪水场次			*DC*	峰现时间误差(h)	洪峰 *RE* (%)	*RMSE* (m^3/s)	径流 *RE* (%)
率定期	1	20140423	0.71	－1	－19.8	3.98	－14.2
	2	20140517	0.71	－1	－4.5	2.16	－9.3
	3	20140616	0.80	0	－39.5	5.55	5.2
	4	20150519	0.70	－49	－23.6	3.73	14.1
验证期	5	20150808	0.87	0	－20.0	6.35	2.3
	6	20160611	0.55	－1	30.8	6.57	13.4
	7	20160709	0.83	－2	－0.8	28.71	－26.4
	8	20170421	0.81	0	－15.2	6.48	12.6
	9	20170614	0.87	0	－14.9	1.43	8.7
	10	20180708	0.83	－1	－15.6	4.45	32.5
	11	20180921	0.59	2	－38.2	3.55	41.2

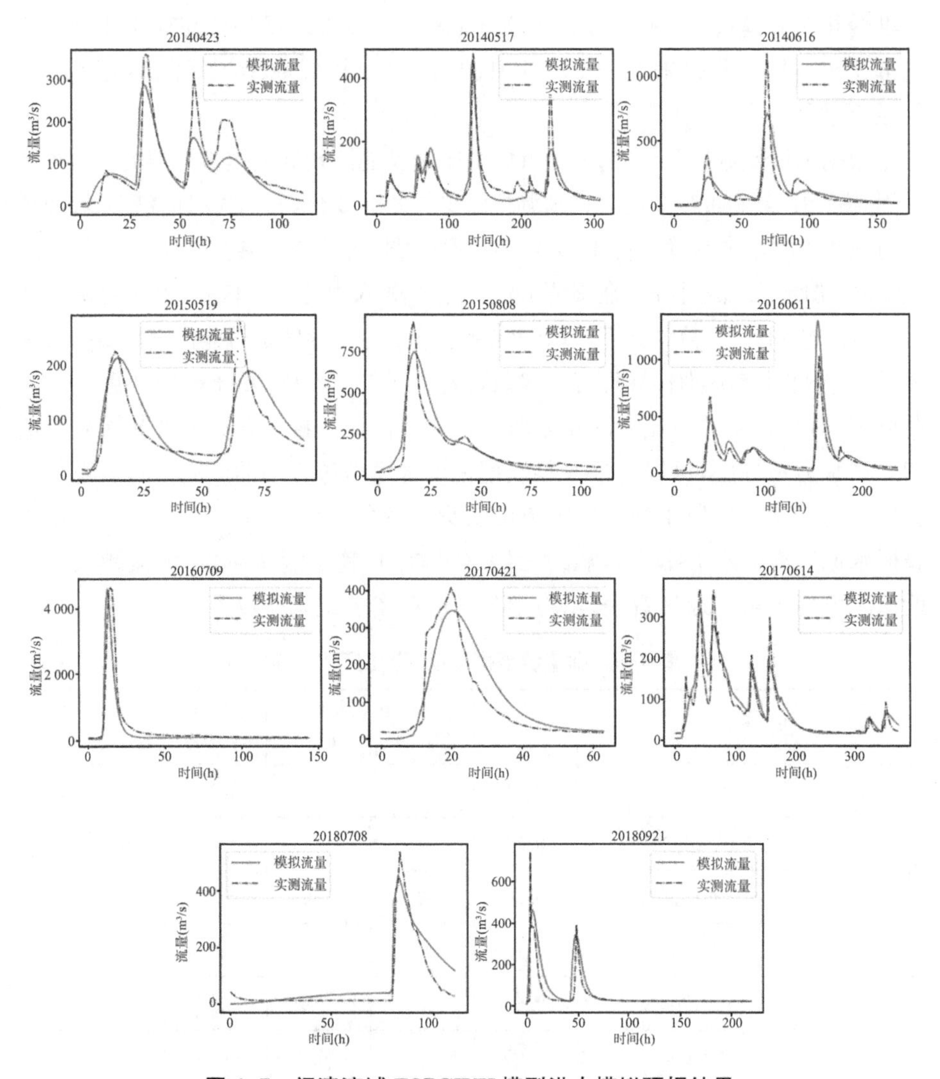

图 4-7　闽清流域 TOPGIUH 模型洪水模拟预报结果

4.3　TOPGIUH 模型在无径流资料地区的应用研究

对于无资料地区水文预报，TOPGIUH 模型运行所需的参数可以通过相应的下垫面条件来计算。利用 DEM 数据计算流域总面积、各子流域的面积、河道长度、坡面平均坡度、河道平均坡度。利用土壤质地数据可以获取非饱和层最大蓄水量与根系层最大蓄水量。同时可以初步确定饱和土壤水力传导度修正参数。最高级河宽可以通过实地测量或者测量卫星影像图(如 Google Earth)上的河道来获取,坡面糙率、河道糙率可以根据实际流域的测量资料或者查询相关的糙率研究成果获取。TOPGIUH 最大的优势便在于仅有 3 个参数需要率定,即饱和土壤水力传导度修正参数、坡面糙率与河道糙率。这 3 个参数都有明确的物理意义,且可以通过相应的方法获取初值与取值范围,即使数据很少也可进行率定,这大大减轻了参数率定工作,为无资料与缺资料地区的水文预报工作提供了一个非常具有应用前景的模型工具。

为了验证方法的可行性,将 TOPGIUH 模型应用到福建渡里和太平口小流域进行模拟验证。木兰溪渡里水文站以上流域面积约 68 km^2,属典型的亚热带季风气候,年平均降雨在 2 000 mm 以上。流域地处山区,地形最大高差达 842 m。流域内植被覆盖良好,森林覆盖率达 69.3%。流域内无水库调节,仅有少数塘坝,水体面积占 0.02%,流域概况见图 4-8(a)。太平口站是清凉溪上的控制站,位于永泰县清凉镇太平口村,集水面积约为 245 km^2,集水区内无水库调节。流域内植被发育良好,森林覆盖率高达 72.39%,水体面积占 0.38%。流域内无大中型水库,流域概况见图 4-8(b)。

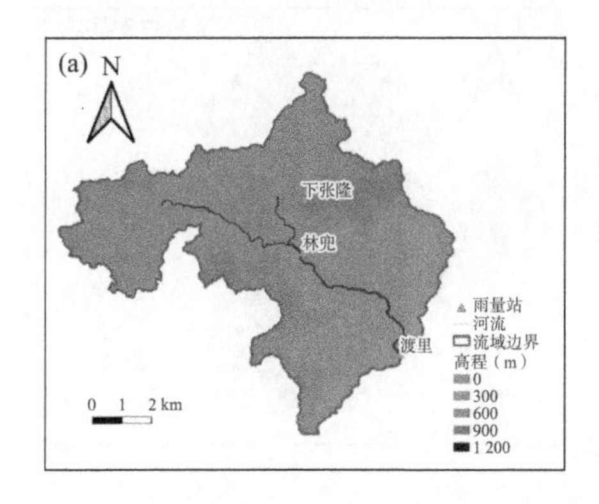

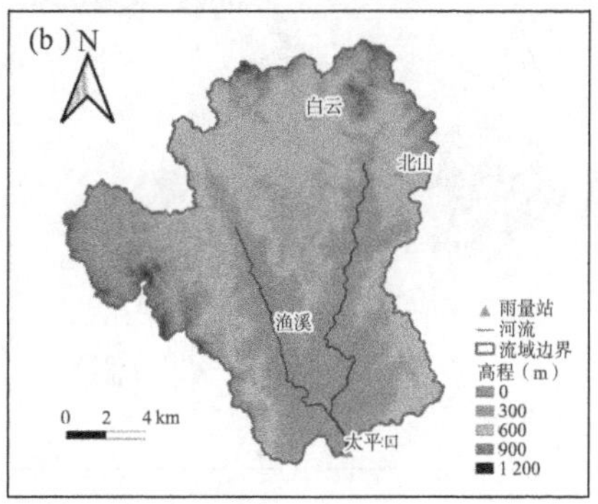

图 4-8 渡里与太平口流域概况

4.3.1 模型所需数据与参数获取

4.3.1.1 子流域划分与河流地貌参数计算

利用 D∞算法与 DEM 数据分别计算太平口与渡里流域的相关地形地貌参数。太平口与渡里流域都属于中小流域,因此将河流按 Strahler 河网分级规则划分为二级河道,将两个流域各自划分成为 3 个子流域[图 4-9(c)、图 4-9(d)],并统计计算模型所需相关河流地貌参数,包括各个子流域的编号、径流转移路径(即各个子流域汇入下一级子流域的编号,以便模型进行汇流计算)、河道长度、流域面积、河道坡度与相应的坡面坡度(见表 4-9)。最后根据流域的坡度数据与网格汇流面积,根据公式 $\ln(a/\tan\beta)$ 计算得到流域的地形指数,图 4-9(e)与图 4-9(f)分别展示了渡里与太平口流域的地形指数空间分布。

表 4-9 渡里与太平口流域各子流域相关河流地貌参数表

流域	子流域编号	下一级子流域编号	河流分级	河长(m)	面积(m^2)	河流坡度(rad)	坡面坡度(rad)
渡里	1	3	1	2 260	10 336 904	0.037 6	0.262 1
	2	3	1	5 743	25 260 430	0.033 3	0.202 8
	3	—	2	7 162	32 558 828	0.044 0	0.284 4
太平口	1	3	1	6 865	110 305 576	0.006 1	0.317 3
	2	3	1	7 772	110 741 712	0.007 9	0.319 5
	3	—	2	2 185	24 273 016	0.004 1	0.318 3

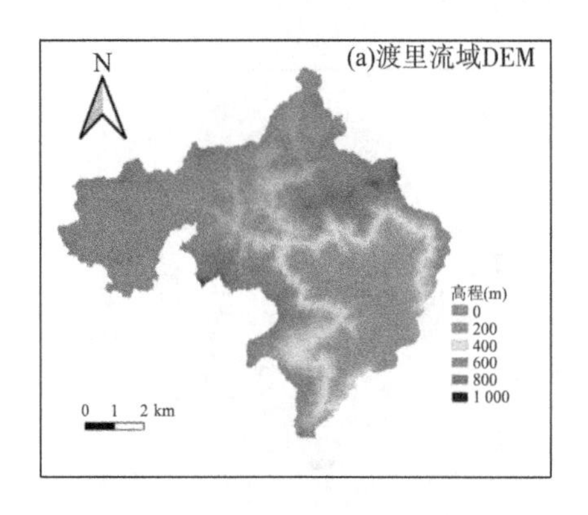

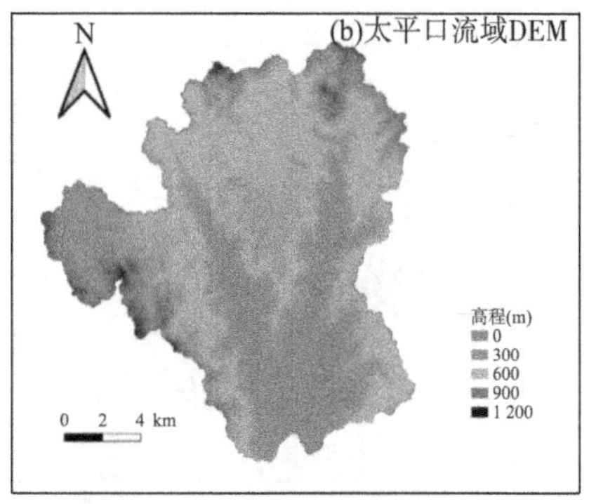

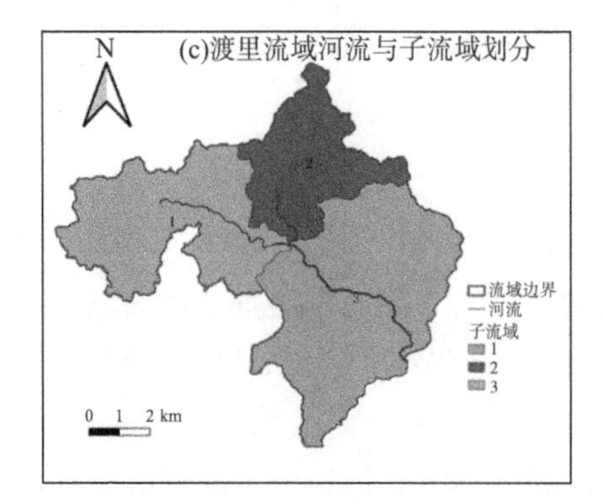

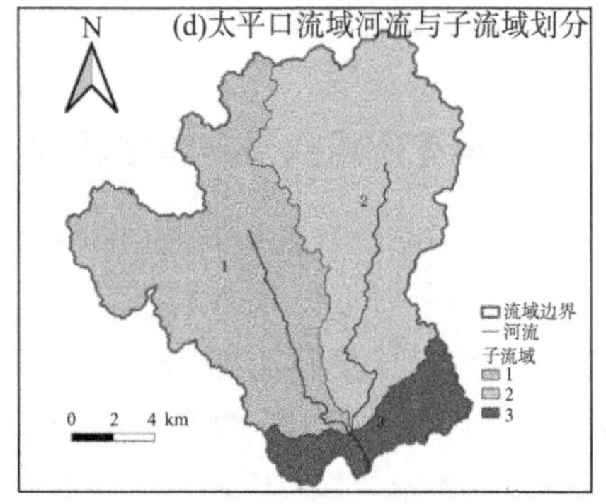

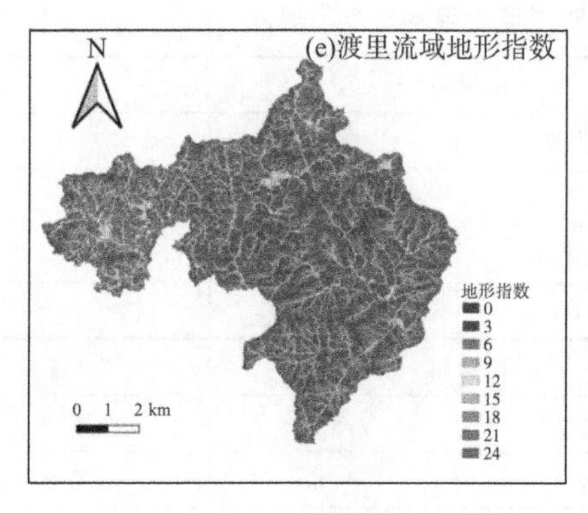

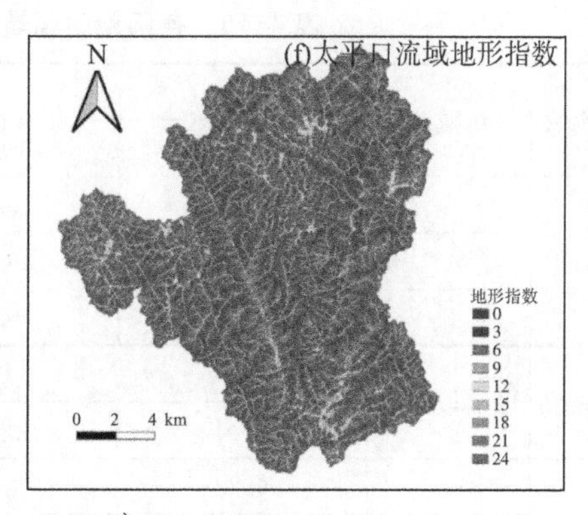

图 4-9　利用 D∞算法的流域分析结果

4.3.1.2　时间序列数据

本书用到的时间序列数据包括降水、径流、蒸发皿蒸发、植被指数(NDVI)。其中蒸发数据与植被指数(NDVI)数据采用的是与闽清流域相同的处理方法。

降水数据:根据现有雨量资料情况,太平口流域有白云、北山、太平口与渔溪 4 个站点有雨量数据。渡里流域有林兜、下张隆和渡里 3 个站点有雨量数据,收集 2014—2018 年共 5 年的逐时降雨数据,将各个雨量站雨量根据泰森多边形按比例分配到每个子流域上。图 4-10 展示了渡里流域与太平口流域的子流域与泰森多边形的划分情况,以此来计算每个雨量站雨量对于各个子流域降水的贡献率,结果列于表 4-10 中。

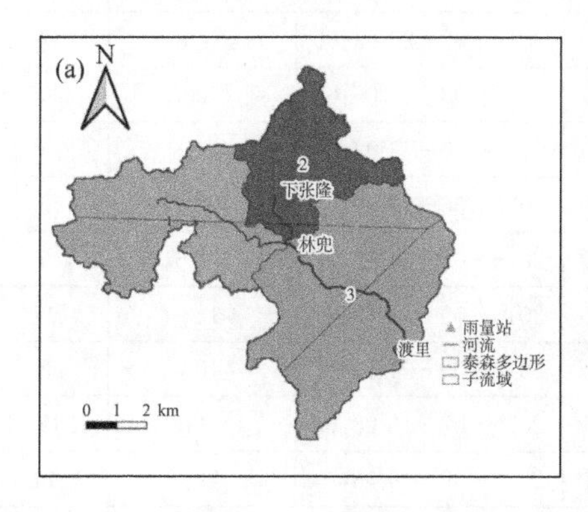

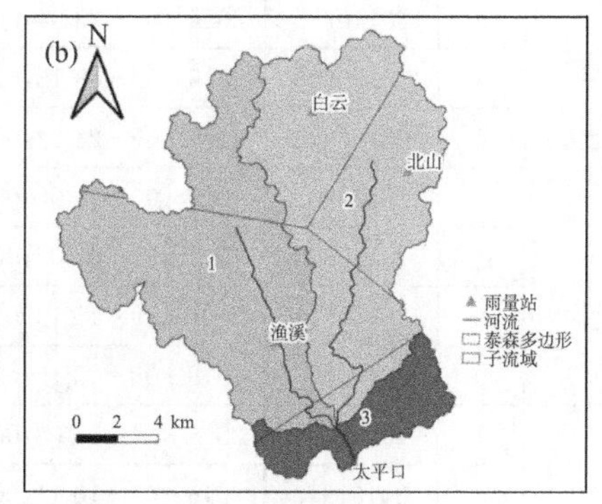

图 4-10　渡里流域与太平口流域雨量站点与泰森多边形划分

表 4-10　各雨量站雨量对子流域降水贡献率表

流域	子流域编号	雨量站			
		林兜	下张隆	渡里	
渡里	1	0.53	0.05	0.41	
	2	0.47	0.95	0.13	
	3	0.00	0.00	0.46	
流域	子流域编号	雨量站			
		白云	北山	太平口	渔溪
太平口	1	0.23	—	0.02	0.73
	2	0.37	0.35	0.03	0.22
	3	—	—	0.95	0.05

径流数据:收集渡里水文站与太平口水文站 2014 年 1 月至 2018 年 12 月的逐时流量数据,根据渡里水文站与太平口水文站的洪水要素摘录表获取了水文站自 2014 年至 2018 年的历史洪水资料。选择从 2014 年到 2018 年渡里水文站的 9 场洪水与太平口水文站的 8 场洪水,作为 TOPGIUH 模型模拟预报结果分析比较的依据。各场次洪水的主要特征要素统计见表 4-11。

表 4-11　各场次洪水特征要素统计表

流域	序号	洪号	起始时间	结束时间	洪峰流量(m^3/s)	历时(h)
渡里	1	20140602	2014-06-02 07:00	2014-06-04 07:00	80.2	49
	2	20140616	2014-06-16 08:00	2014-06-23 07:00	89.5	168
	3	20140723	2014-07-23 04:00	2014-07-26 03:00	64.8	72
	4	20150808	2015-08-08 12:00	2015-08-11 09:00	108	70
	5	20150928	2015-09-28 22:00	2015-10-02 03:00	84.1	78
	6	20160605	2016-06-05 07:00	2016-06-07 04:00	41.4	46
	7	20160902	2016-09-02 09:00	2016-09-04 05:00	63.6	45
	8	20160911	2016-09-11 10:00	2016-09-17 12:00	123	147
	9	20180828	2018-08-28 13:00	2018-09-01 14:00	108	98
太平口	1	20160708	2016-07-08 08:00	2016-07-10 08:00	1 410	49
	2	20160910	2016-09-10 11:00	2016-09-19 08:00	199	214
	3	20160926	2016-09-26 00:00	2016-10-01 08:00	598	129
	4	20170421	2017-04-21 00:00	2017-04-25 00:00	284	97
	5	20170729	2017-07-29 08:00	2017-08-04 19:00	99.2	156

续表

流域	序号	洪号	起始时间	结束时间	洪峰流量(m^3/s)	历时(h)
太平口	6	20180618	2018-06-18 05:00	2018-06-25 05:00	155	169
	7	20180711	2018-07-11 00:00	2018-07-15 23:00	298	120
	8	20180823	2018-08-23 08:00	2018-09-04 08:00	268	289

4.3.1.3　土壤参数

土壤质地数据也来源于世界土壤数据库(HWSD)。利用流域边界文件对世界土壤数据库的分类栅格文件进行裁剪,获得渡里流域与太平口流域的相关土壤质地数据,渡里流域与太平口流域的土壤分布情况见图4-11。

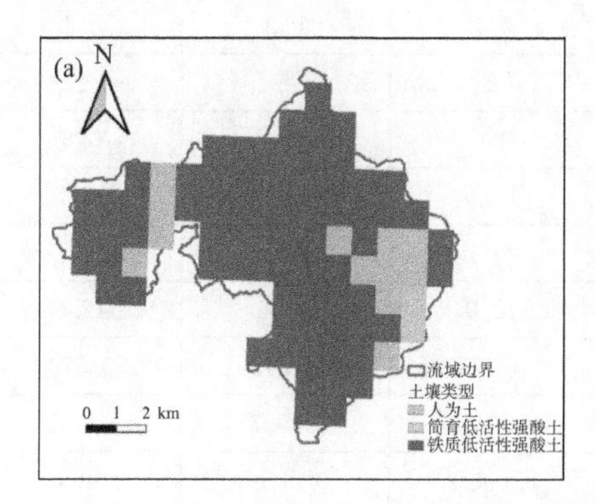

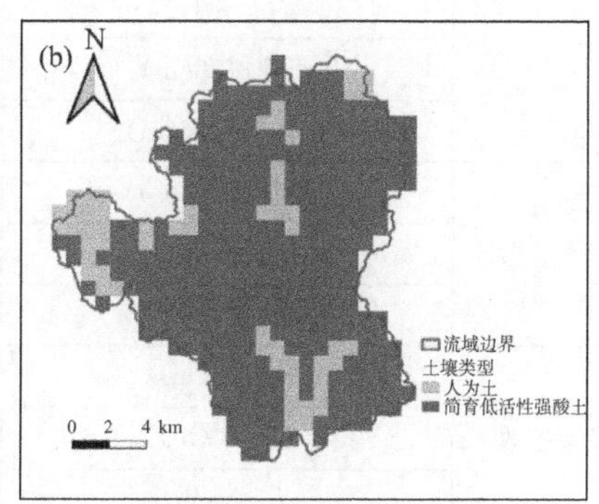

图4-11　渡里流域与太平口流域土壤类型分布

渡里流域内共有3种类型的土壤,分别为简育低活性强酸土、人为土、铁质低活性强酸土,各类型土壤在流域中的面积占比数据在表4-12列出。太平口流域内共有2种类型的土壤,分别为简育低活性强酸土、人为土,各类型土壤在流域中的面积占比数据也在表4-12列出。两个流域与闽清流域情况类似,大部分土壤都属于简育低活性强酸土,其他土壤类型相对很少。

表4-12　渡里流域与太平口流域各土壤类型比例

序号	土壤类型	缩写	面积比(%)	
			渡里	太平口
1	简育低活性强酸土	ACh	83.9	95.1
2	人为土	ATc	13.8	4.9
3	铁质低活性强酸土	ACf	2.3	—

查询对应土壤属性数据库中各类型土壤属性数据,并据此计算出土壤凋萎

系数、田间持水量、土壤饱和含水量参数与饱和土壤水力传导度。与闽清流域一样，土壤深度为 2 m，土壤根系层为 0. 6 m。计算各类型土壤根系层最大蓄水量 $S_{rz\max}$ 与非饱和层最大蓄水量 $S_{uz\max}$（见表 4-13）。

表 4-13 渡里与太平口流域主要土壤质地属性与土壤含水量参数

	参数名	ACh	ATc	ACf
土壤质地参数	沙粒含量(%)	10	10	25
	黏粒含量(%)	52	29	50
	砾石含量(%)	24	21	23
	有机碳含量(%)	1	1. 12	1. 80
	土壤含盐量(dS/m)	0. 1	0. 3	0. 1
	土壤深度(m)	2	2	2
	根系层深度(m)	0. 6	0. 6	0. 6
土壤水分参数	凋萎系数(%)	15. 5	13. 9	13. 2
	田间持水量(%)	26. 7	30. 0	24. 1
	饱和含水量(%)	42. 9	45. 6	42. 6
模型参数	$S_{uz\max}$ (m)	0. 322	0. 312	0. 370
	$S_{rz\max}$ (m)	0. 068	0. 097	0. 065
	T_0 (m/h)	0. 006 2	0. 005 0	0. 009 4

4. 3. 1. 4　其他参数

还需要确定两个小流域的最高级河宽、坡面糙率、河道糙率以及饱和土壤水力传导度修正参数这 4 个参数，其中最高级河宽由 Google Earth 影像图测量而得，渡里流域大致为 15 m，太平口流域大致为 50 m。根据土壤分布来看，闽清、渡里与太平口流域的土壤类型基本一致，因此将渡里和太平口流域的饱和土壤水力传导度修正参数 k 设置为与闽清流域一样。对于坡面糙率，同样由于闽清、渡里与太平口三个流域的下垫面条件基本一致，因此也设为 0. 52。最后则只剩下河道糙率一个参数无法准确确定。

因为考虑的是将 TOPGIUH 模型应用到无径流地区，因此本书仅通过两个小流域的一场洪水来确定河道糙率，这样在实际应用的时候，可以通过短期测量来实现流域参数的确定。最终以渡里流域 20140602 与太平口流域 20160708 这两场洪水分别确定了 TOPGIUH 模型的河道糙率参数。表 4-14 列出渡里与太平口流域 TOPGIUH 模型的河道糙率、坡面糙率与饱和土壤水力传导度修正参数。其中需要说明的是，由于 TOPGIUH 模型在汇流部分的概化还不够完善，将坡面产流直接通过地貌单位线转移到流域出口，这就导致了像渡里流域这种仅有 68 km^2 的小流域，坡面汇流可能是流域汇流的主要决定性因素，河道糙率的取值会接近坡面糙率的值。

表 4-14　渡里流域与太平口流域 TOPGIUH 模型参数

参数名	缩写	参数值	
		渡里	太平口
最高级河宽(m)	B_Ω	15	50
河道糙率	n_c	0.25	0.02
坡面糙率	n_o	0.52	0.52
饱和土壤水力传导度修正参数	k	2.1	2.1

4.3.2　应用结果分析

渡里流域和太平口流域场次洪水模拟预报精度评价结果见表 4-15，图 4-12 为渡里流域 9 场洪水降雨径流过程线的模拟预报结果，图 4-13 展示了太平口流域 8 场洪水降雨径流过程线的模拟预报结果。从表 4-15 可以看出，渡里流域与太平口流域所有场次洪水的确定性系数 *DC* 均在 0.58 到 0.88 之间，渡里流域 9 场洪水平均确定性系数为 0.82，太平口流域 8 场洪水平均确定性系数为 0.80，两个流域的确定性系数均达到了乙级标准。而峰现时间的误差仅有渡里流域 20140723 这一场洪水的峰现时间误差超过两个小时，原因与闽清流域 20150519 号洪水一样，由于 20140723 号洪水是一场双峰洪水，后一洪峰高于前一洪峰，并且前后两个洪峰相差不大。TOPGIUH 模型在渡里流域与太平口流域对于洪峰流量与径流总量的模拟结果都比较好。渡里流域的预报合格率为 66.7%，太平口流域预报合格率为 62.5%，都达到了丙级标准。

从预报结果来看，构建的 TOPGIUH 模型可以非常好地模拟渡里和太平口小流域的降雨径流过程。这个结果也证明了 TOPGIUH 模型与相应的参数确定策略对无资料地区径流预报具有非常高的应用价值。而在实际预报作业中，TOPGIUH 模型所需的气象数据可以通过相关气象部门获取，如美国 NOAA 全球预报系统(GFS)气象预报数据产品、欧洲中期天气预报中心 ECMWF 提供的气象预报数据产品等。而 NDVI 数据也有多种卫星遥感数据产品可以使用，如本书应用的 MODIS 卫星遥感数据制作的 MODIS MOD13A2 数据产品。数字高程模型 DEM 数据的来源也很多，如本书采用的 GDEMV2 30 m 分辨率数据等数据产品。土壤质地数据如本书采用的世界土壤数据库(HWSD)等数据。这些数据都为 TOPGIUH 模型的应用提供了非常好的支撑。

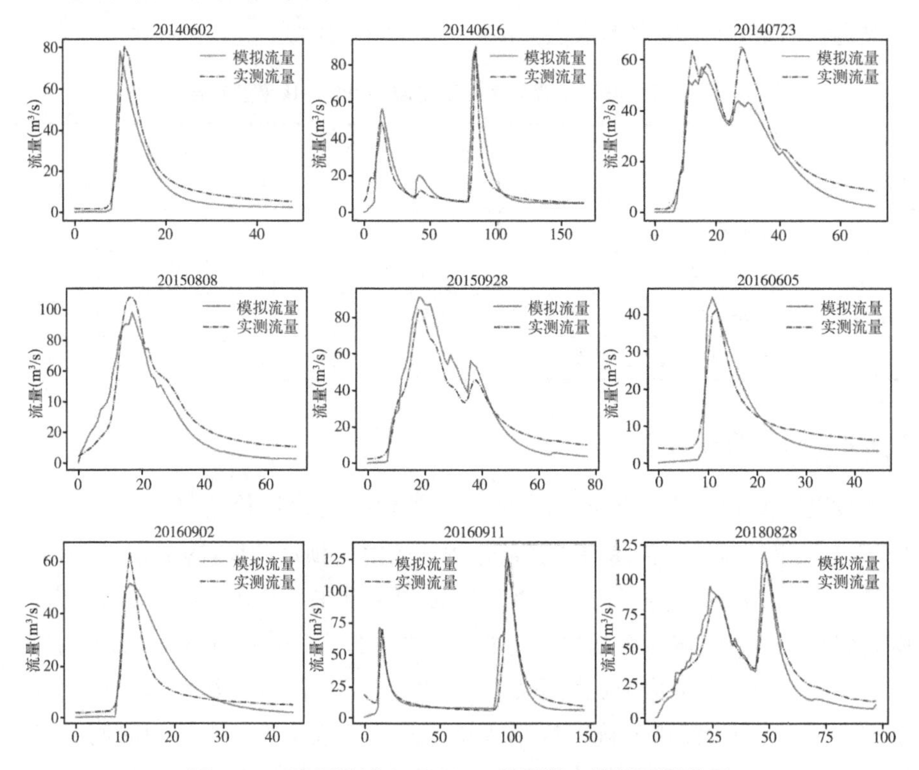

图 4-12　渡里流域 TOPGIUH 模型洪水模拟预报结果

表 4-15　渡里流域与太平口流域洪水模拟预报精度评价结果

流域		洪水场次	*DC*	峰现时间误差(h)	洪峰 *RE* (%)	*RMSE* (m^3/s)	径流 *RE* (%)
渡里	1	20140602	0.88	−1	−2.6	0.92	−24.1
	2	20140616	0.68	−1	−1.8	0.61	15.4
	3	20140723	0.88	−13	−12.3	0.80	−18.3
	4	20150808	0.86	0	−9.2	1.29	−15.6
	5	20150928	0.86	0	8.2	0.92	3.8
	6	20160605	0.80	−1	7.4	0.60	−13.6
	7	20160902	0.68	0	−19.0	1.11	20.2
	8	20160911	0.88	−1	6.4	0.66	−5.1
	9	20180828	0.88	−1	10.6	0.89	−5.6

续表

流域		洪水场次	*DC*	峰现时间误差(h)	洪峰 *RE* (%)	*RMSE* (m^3/s)	径流 *RE* (%)
太平口	1	20160708	0.86	−1	−13.6	17.40	−5.7
	2	20160910	0.83	0	7.6	1.18	−28.6
	3	20160926	0.88	1	35.3	3.91	3.2
	4	20170421	0.84	0	4.6	2.56	10.6
	5	20170729	0.81	−2	−2.1	0.68	2.8
	6	20180618	0.58	−1	−21.8	1.28	−11.0
	7	20180711	0.82	1	−4.2	2.08	19.6
	8	20180823	0.80	−1	9.8	0.86	−0.1

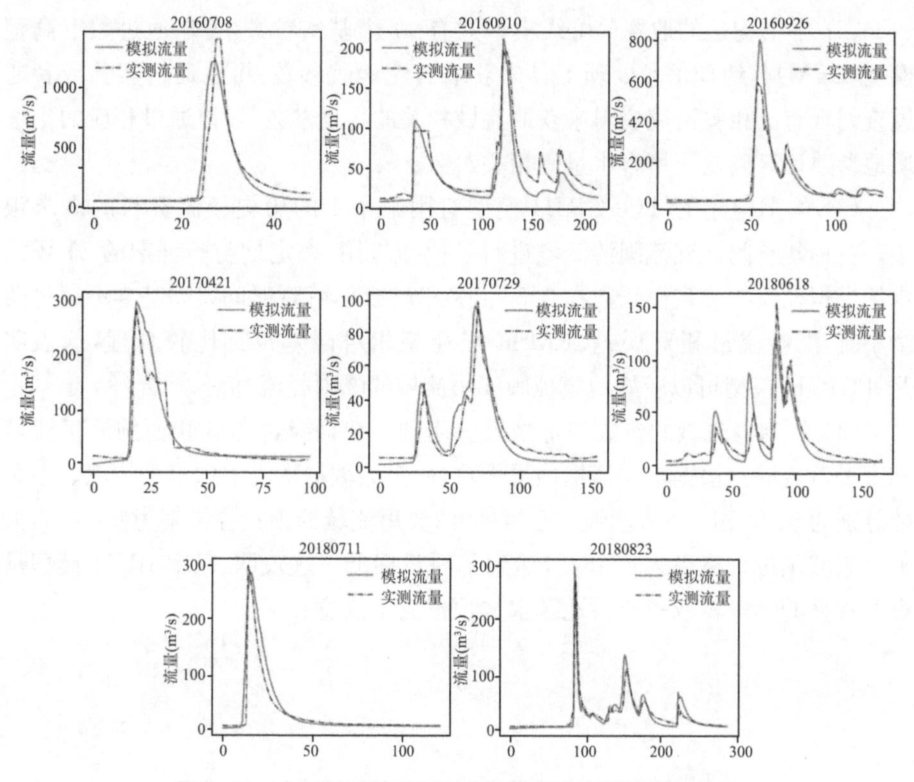

图 4-13　太平口流域 TOPGIUH 模型洪水模拟预报结果

4.4 小结

本章以 TOPMODEL 产流理论与地貌瞬时单位线理论为核心，构建了一个具有较强物理基础的分布式地貌单位线模型 TOPGIUH。模型具有以下特征。

(1) 根据植被指数来计算截留，这样可以更加充分地考虑植被在不同季节对产流时空分布的影响。模型假设靠近河流的坡面最先产生地表径流，更加符合山坡径流产生的实际情况，基于地形指数来计算模型产流，将降水划分为地表径流、壤中流。通过运动波理论计算径流运移时间，并基于子流域计算地貌单位线进行流域汇流计算。

(2) 本书构建的地貌单位线模型共有 11 个基本参数，可以通过数字高程模型(DEM)与地理信息处理工具来获取河流地貌参数，可以通过实验或者通过查阅现有的相关研究资料来获取流域相关的物理参数，可以通过相应的土壤质地参数计算确定土壤含水量等相关参数。

(3) 本书构建的 TOPGIUH 模型对用来率定的历史径流资料的需求很小。在福建省闽江支流闽清流域进行了模拟应用，率定期与验证期的 11 场洪水的模拟径流的确定性系数在 0.55 到 0.87 之间，峰现时间误差基本不超过两个小时，洪峰流量相对误差、RMSE 与径流相对误差也都比较合理，这表明 TOPGIUH 模型可以较好地模拟闽江小流域的降雨径流过程。

(4) 将闽清流域的参数率定结果应用到下垫面条件与其相似的渡里流域和太平口流域。根据水文情报预报规范，两个流域场次洪水预报平均确定性系数分别为 0.82 和 0.80，达到了乙级标准；渡里流域的预报合格率为 66.7%，太平口流域预报合格率为 62.5%，达到了丙级标准。这表明 TOPGIUH 模型具有非常高的无资料或缺资料地区水文预报应用价值。

第五章

考虑河床变化的二维水动力学模型

感潮河段的水位动态受上游径流和下游潮汐双重作用，同时受区间来水、河道地形变化及水中建筑物等因素影响，水流过程较为复杂，因此感潮河段的水位预报非常困难。二、三维水动力数值模型已经被许多研究者应用于感潮河段的水沙运动模拟分析[187,188]，并且本书第二章的分析表明，闽江下游主河道近年来河床存在明显的下切情况，提高了闽江下游的水位/潮位预报困难程度。因此本章利用 Delft3D 模型工具构建考虑河床变化的闽江口流域水动力学模型，模拟并分析了闽江下游与河口的水流运动特征，说明二维水动力学模型在感潮河段进行水位/潮位预报应用的可行性。

5.1 闽江下游河道地形及水文特征

5.1.1 河道地形

闽江自水口水电站南下到下游第一个分流口文山里之间为单一河道，有 6 个弯道，然后在文山里分流口被分为南北两支，南支即所谓的南港，从文山里分流口至白岩潭，全长约 37 km；北支即北港，全长约 33 km，南北港于马尾白岩潭断面汇合，进入闽江河口。闽江河口的河道平面形态复杂，闽江流经白岩潭后约 11 km 在亭江附近被琅岐岛分隔，分为南、北两支。南支长约 18 km 的梅花水道绕过琅岐岛汇入东海。北支绕过琅岐岛入海，称长门水道；由于受到熨斗岛、川石岛及壶江岛的阻隔，出长门水道后又分为四支，分别为乌猪水道、熨斗水道、川石水道和壶江水道，形成了三级分汊、五口入海的复杂形态(见图 5-1)。

本研究收集到2009年、2011年与2015年三年的河道地形观测数据。在原始地形观测数据基础上，进行了插值处理。内河数据插值时，先以当年数据为基础，无数据覆盖区域采用其他有数据年份的数据替补，三角插值平滑以后得到最终的水深图。外海水深图由口门外海图结合全球海陆数据库GEBCO数据插值所得。

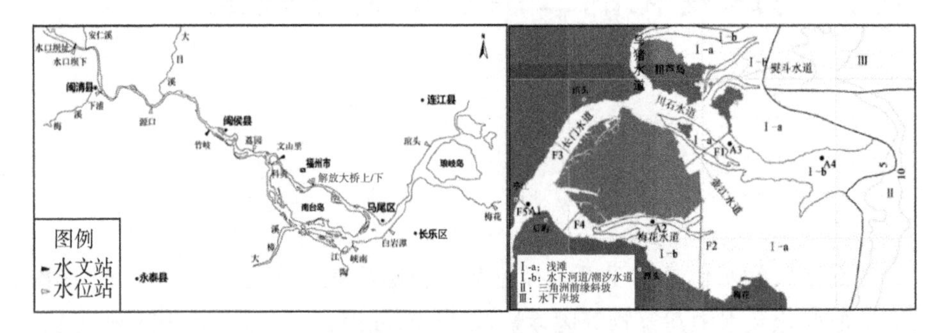

图5-1　闽江下游至河口地形及站点分布图

从水口水库往河口，对比2009年、2011年与2015年的深泓线，可以看出：相对2009年的深泓线水深，水口—竹岐段2015年的深泓线在全河段中下降幅度最大，有的地方达10 m；竹岐—文山里段也有大幅下降，有的地方达5 m；文山里—白岩潭(罗星塔)南港、北港两汊也有下降，但下降幅度相对较小；白岩潭—长门(琯头)深泓线略有下降。

5.1.2　水位流量

本研究所用水文数据时间跨度从2003年至2019年，详见表5-1。对站点实测水文数据初步分析表明，下浦站2003年，2009年到2015年的年平均水位和最高水位有明显下降，平均水位从2003年的罗零基面以上6 m左右下降到2009年的4 m，2015年的3 m多。并且2015年的下浦站水位有每天涨落特征，说明已经明显受到潮汐影响。竹岐站2003年，2009年到2015年的年平均水位和最高水位也有明显下降，并且潮汐的影响越来越明显，上溯潮汐通量有明显增加的趋势。文山里站的年平均水位和最高水位同样有明显下降，平均水位从2003年的罗零基面以上3 m左右下降到2009年的2 m左右，之后没有明显的波动。从2003年到2015年，潮汐的影响越来越明显。白岩潭的潮差从2003年的平均3 m左右增大至2009年的4 m，到2015年进一步增大至5.6 m，同时平均水位也有所抬升。琯头(梅屿)的潮位以及梅花站潮位变化与白岩潭类似，潮差变大，平均水位显著上升。

综上所述，由于河床下切等原因，在过去的10多年里潮波发生明显变化，潮差变大，最高高潮位上升，平均水面也有显著上升，显示闽江下游河段和闽江河口受潮汐影响越来越大。

表5-1　Delft3D模型构建所用数据

站点名称	年份	数据类型	时间跨度	时间频率	用途
闽清（梅溪）	2003	水位流量	全年	每天8次	边界条件/分析
	2009	水位流量	全年	每3小时	边界条件/分析
	2011	水位流量	全年	每天4～8次	边界条件/分析
	2015	水位流量	全年	每天4～8次	边界条件/分析
下浦	2003	水位	全年	每天4～8次	边界条件
	2009	水位	全年	每天4～8次	边界条件
	2011	水位	全年	每6小时	边界条件
	2015	水位	全年	每6小时	边界条件
竹岐	2003	水位流量	全年	每天8次	分析
	2009	水位流量	全年	每小时	分析/率定
	2011	水位流量	全年	每小时	分析/验证
	2015	水位流量	全年	每小时	分析/验证
绿洲	2019	水位	大小潮	每小时	分析/验证
文山里	2003	水位流量	全年	每天8次	分析
	2009	水位流量	全年	每小时	分析/率定
	2011	水位流量	全年	每小时	分析/验证
	2015	水位流量	全年	每小时	分析/验证
	2019	水位	大小潮	每小时	分析/验证
解放大桥上	2009	水位	全年	每小时	分析/验证
	2011	水位	全年	每小时	分析/验证
	2015	水位	全年	每小时	分析/验证
	2019	水位	大小潮	每小时	分析/验证
解放大桥下	2009	水位	全年	每小时	分析/验证
	2011	水位	全年	每小时	分析/验证
	2015	水位	全年	每小时	分析/验证
	2019	水位	大小潮	每小时	分析/验证

续表

站点名称	年份	数据类型	时间跨度	时间频率	用途
峡南	2009	水位	全年	每天8次	分析/验证
	2015	水位	全年	每小时	分析/验证
	2019	水位	大小潮	每小时	分析/验证
白岩潭	2009	水位	全年	每小时	分析/验证
	2011	水位	全年	每小时	分析/验证
	2015	水位	全年	每小时	分析/验证
	2019	水位	大小潮	每小时	分析/验证
永泰（大樟溪）	2003	水位流量	全年	每天8次	边界条件
	2009	水位流量	全年	每天8次	边界条件
	2011	水位流量	全年	每天8次	边界条件
	2015	水位流量	全年	每天4次	边界条件
科贡	2019	水位	大小潮	每小时	验证
下门洲大桥	2019	水位	大小潮	每小时	验证
乌龙江大桥	2019	水位	大小潮	每小时	验证
琯头	2009	水位	全年	每小时	验证
	2011	水位	全年	每小时	验证
	2015	水位	全年	每小时	验证
梅花	2009	水位	全年	每小时	验证
	2011	水位	全年	每天2次	验证
	2015	水位	全年	每天2次	验证

5.1.3 潮汐特征

本节分别从潮波形态、潮汐/潮量、潮流这几个方面对闽江口潮汐特征做简要分析。闽江口潮型属正规半日潮，一天两涨两落。河口潮波主要来自东北方向，传至闽江口，大致呈26.5°。闽江口受地球偏转力及海岸地形的影响，是我国强潮区之一。1998年以前的闽江口白岩潭和梅花潮位站的潮位特征值见表5-2[140]。根据2009年、2011年和2015年实测数据统计，梅花站2015年平均潮差达4.46 m，2015年9月28日最大潮差达7.14 m，超过了历史最大潮差。闽江口的多年平均涨潮流量为15 600 m^3/s，径流与潮流之比值为0.226。

表 5-2 闽江口潮位特征值(罗零基面)

特征值	梅花站	白岩潭站
年平均最高潮位(m)	6.04	5.83
年平均最低潮位(m)	−0.97	−0.28
年平均高潮位(m)	4.62	4.52
年平均低潮位(m)	0.15	0.73
平均潮位(m)	2.38	2.62
调查历史最高潮位(m)	7.605 (1900 年)	
历史最高潮位(m)	7.00	6.61
历史最低潮位(m)	−1.44	−0.49
最大潮差(m)	7.04	5.28
最小潮差(m)	1.18	0.75
平均潮差(m)	4.46	3.78

5.2 二维水动力数学模型

对 Delft3D 系统平面二维水流方程控制方程、定解条件及计算方法进行介绍,然后根据闽江口的特征,建立计算区域,划分网格,确定相应地形和与之匹配的边界条件,建立闽江下游至近海大陆架的二维水流数学模型,并对模型进行率定。

5.2.1 浅水方程与定解条件

5.2.1.1 基本方程

基于物理方程来描述自然界的各种现象是科学家们探索世界的重要手段,水动力学方程则是用来描述液体运动的物理方程,基于水动力学方程建立的水流模型,可以详细地描述流域内的水流状况,在给定相应的初始条件和边界条件的情况下,可以精确地模拟水流的运动。相比水文模型,水动力学模型能够更为精确与细致地描述水流运动,对于处理变化剧烈的水流、地形复杂与局部水流运动问题等更具优势。

Delft3D 系统基本方程为描述不可压缩流体动量守恒的运动方程,即纳维尔-斯托克斯(Navier-Stokes)方程。本项研究针对平面尺度较大的河流、河口海岸潮流计算,这些区域里垂向运动尺度远小于平面运动(即浅水假设)。把纳维尔-斯托克斯方程中的垂向分量沿水深平均,就能得到平面二维浅水方程。

平面二维水流数学模型的计算过程实质是求解离散的平面二维浅水方程的过程，方程建立在水平正交曲线坐标系(ξ,η)中，在垂直方向上采用σ坐标：

$$\sigma=\frac{z-\zeta}{d+\zeta}=\frac{z-\zeta}{H} \tag{5-1}$$

式中：z是垂向坐标，d是相对模型参考平面($z=0$)的水深，ζ为基于模型参考平面的相对水位，H是总水深。

(1) 二维浅水方程的连续方程

$$\frac{\partial\zeta}{\partial t}+\frac{1}{\sqrt{G_{\xi\xi}}\sqrt{G_{\eta\eta}}}\frac{\partial\left[(d+\zeta)U\sqrt{G_{\eta\eta}}\right]}{\partial\xi}+\frac{1}{\sqrt{G_{\xi\xi}}\sqrt{G_{\eta\eta}}}\frac{\partial\left[(d+\zeta)V\sqrt{G_{\xi\xi}}\right]}{\partial\eta}=Q \tag{5-2}$$

式中：U和V分别代表沿ξ和η方向的平均流速，Q代表水流的源汇项，公式如下：

$$U=\frac{1}{d+\zeta}\int_{d}^{\zeta}u\mathrm{d}z=\int_{-1}^{0}u\mathrm{d}\sigma \tag{5-3}$$

$$V=\frac{1}{d+\zeta}\int_{d}^{\zeta}v\mathrm{d}z=\int_{-1}^{0}v\mathrm{d}\sigma \tag{5-4}$$

$$Q=\int_{-1}^{0}(q_{\mathrm{in}}-q_{\mathrm{out}})\mathrm{d}\sigma+P-E \tag{5-5}$$

式中：u为水流沿ξ方向的速度，v为水流沿η方向的速度，q_{in}表示支流汇入量，q_{out}表示出流总量，P表示降雨，E表示蒸发量。

(2) ξ和η方向的动量方程

$$\frac{\partial U}{\partial t}+\frac{U}{\sqrt{G_{\xi\xi}}}\frac{\partial U}{\partial\xi}+\frac{V}{\sqrt{G_{\eta\eta}}}\frac{\partial U}{\partial\eta}+\frac{UV}{\sqrt{G_{\xi\xi}}\sqrt{G_{\eta\eta}}}\frac{\partial\sqrt{G_{\xi\xi}}}{\partial\eta}-\frac{V^{2}}{\sqrt{G_{\xi\xi}}\sqrt{G_{\eta\eta}}}\frac{\partial\sqrt{G_{\eta\eta}}}{\partial\xi}$$
$$-fV=-\frac{1}{\rho_{0}\sqrt{G_{\xi\xi}}}P_{\xi}-\frac{gU\sqrt{U^{2}+V^{2}}}{C_{2\mathrm{d}}^{2}(d+\zeta)}+F_{\xi}+F_{s\xi}+M_{\xi} \tag{5-6}$$

$$\frac{\partial V}{\partial t}+\frac{U}{\sqrt{G_{\xi\xi}}}\frac{\partial V}{\partial\xi}+\frac{V}{\sqrt{G_{\eta\eta}}}\frac{\partial V}{\partial\eta}+\frac{UV}{\sqrt{G_{\xi\xi}}\sqrt{G_{\eta\eta}}}\frac{\partial\sqrt{G_{\eta\eta}}}{\partial\xi}-\frac{U^{2}}{\sqrt{G_{\xi\xi}}\sqrt{G_{\eta\eta}}}\frac{\partial\sqrt{G_{\xi\xi}}}{\partial\eta}$$
$$+fU=-\frac{1}{\rho_{0}\sqrt{G_{\eta\eta}}}P_{\eta}-\frac{gV\sqrt{U^{2}+V^{2}}}{C_{2\mathrm{d}}^{2}(d+\zeta)}+F_{\eta}+F_{s\eta}+M_{\eta} \tag{5-7}$$

式中：ζ 为潮/水位；$\sqrt{G_{\eta\eta}}$ 、$\sqrt{G_{\xi\xi}}$ 为正交曲线坐标系与直角坐标系的转换系数；f 为柯氏力系数；C_{2d} 为二维谢才系数；F_{ξ} 和 F_{η} 分别为 ξ 和 η 方向的湍流动量；$F_{s\xi}$ 和 $F_{s\eta}$ 分别指 ξ 和 η 方向上二次流对平均深度流速的作用；P_{ξ} 和 P_{η} 为 ξ 和 η 两方向上的静水压力梯度；M_{ξ} 和 M_{η} 分别表示 ξ 和 η 两方向上额外动量。

5.2.1.2　定解条件

本节介绍的平面二维水流方程的定解条件包含求解模型的初始条件和边界条件。

（1）初始条件

$$\begin{cases} u(t,x,h)\mid_{t=t_0} = u_0(x,h) \\ v(t,x,h)\mid_{t=t_0} = v_0(x,h) \\ z(t,x,h)\mid_{t=t_0} = z_0(x,h) \end{cases} \tag{5-8}$$

式中：u_0、v_0、z_0 分别为初始流速、潮位，初始值一般取常数，t_0 为起始时间。

（2）水流边界条件

水流边界条件可以大致分为开边界和闭边界两类。

开边界 Γ_0 采用流速边界：

$$u\mid_{G_0} = u(t,x,h) \tag{5-9}$$

$$v\mid_{G_0} = v(t,x,h) \tag{5-10}$$

或采用水位边界：

$$z\mid_{G_0} = z(t,x,h) \tag{5-11}$$

式中：u 、v 与 z 分别用流速过程或潮位过程控制。

闭边界 Γ_c 采用不可入条件，即 $V_n=0$，法向流速为 0，n 为边界的外法向。

5.2.1.3　计算方法

本书采用隐、显交替求解的有限差分格式 ADI 法对非恒定流偏微分方程组进行数值求解。在建立差分方程时，将计算步长 Δt 分解为两个半步长。在前半步长内 $\left[t=\ell\Delta t \text{ 变化到 } t=\left(\ell+\frac{1}{2}\right)\Delta t\right]$，将连续方程与 ξ 方向动量方程联合隐式求解 u 和 ζ；在后半步长内 $\left[\text{从 } t=\left(\ell+\frac{1}{2}\right)\Delta t \text{ 变化到 } t=(\ell+1)\Delta t \text{ 时}\right]$，将连续方程与 η 方向动量方程联合隐式求解 v 和 ζ。

5.2.2 计算区域与网格

利用闽江下游河段地形图和口门外海图，建立包括闽江及其外围部分海域的潮流数学模型，模型上至水口水库，下至黄岐、马祖岛和东犬岛，整个模型范围内网格数共 156 738 个，东西长 172.5 km，南北宽 87.5 km，外边界至水深 −40 m 处。数学模型采用的是正交矩形网格。网格为变步长，步长为 20～500 m，并加密工程区与地形突变区域的网格。计算时间步长为 0.5 分钟。对于边滩和江心滩由于水位的升降导致边界发生变动的情形，采用动边界技术[189]，根据水深（水位）结点处河底高程判断该网格单元是否在水面以下，若河底高程在水面以下，则该网格参与模型计算；反之，冻结该网格点，使之不参与计算。模型计算时，采用多线程和多进程并行计算，多线程采用 OPENMP 技术，多进程采用 MPICH2 技术[190]。

5.2.2.1 计算参数

平面二维水流数学模型的计算除了需要给定初始条件和边界条件之外，还要给定相关参数，其中糙率和平面紊动系数是二维水流模型的最重要的两个参数。平面紊动系数，也被称为紊动黏性系数，表征紊动平均雷诺应力与平均速度梯度之间线性关系，潮流数值模拟时，其对潮位和平均流速的影响较小，因此这里取常数 1 m^2/s[191]，不做进一步的率定。河道糙率不仅与床面粗糙程度有关，还与河流平面形态、泥沙成形堆积体以及水流特性有关，它是一个综合水力摩阻系数，此参数直接决定着模型计算结果的合理性，是最主要的率定参数。

本研究中根据经验选用以下公式计算糙率：

$$n = n_{\min}\left[1+\left(\frac{H_{break}}{H_s}\right)^{\theta}\right]^{\frac{\mu}{\theta}} \tag{5-12}$$

式中：H_s 为计算水深；$n_{\min}$ 为初始的曼宁糙率系数；H_{break} 为临界水深，θ 可以控制混合公式的变化速率，μ 为摩擦因子随水深的变化速率，$\left[1+\left(\frac{H_{break}}{H_s}\right)^{\theta}\right]^{\frac{\mu}{\theta}}$ 为糙率系数倍数。根据傅赐福等推荐[13]，在沙质河口 H_{break} 取值 3.0 m，θ 取值 10，μ 取值 1/3。当水深大于临界水深（3 m）时，糙率系数倍数迅速衰减为 1，实际计算用的糙率为用户设置值，如图 5-2 所示。

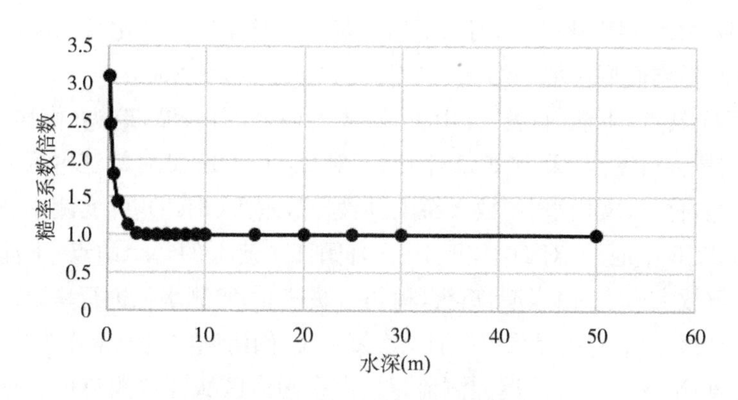

图 5-2　糙率系数倍数和水深关系

5.2.2.2　边界条件

边界条件包括 4 个部分，分别是闽江干流上游主河道入流边界（由流经水口水库的出流控制），闽江下游干流两侧区间入流（包括两岸的支流及边坡产流），闽江口门以外的外延海域潮流，以及水面降雨边界。在率定和验证阶段，由于模型率定和验证年份（2009 年，2011 年，2015 年，2019 年）无水口水库出流数据，主河道入流边界采用水口大坝以下约 16 km 处的下浦站的实测水位。区间入流边界除了 4 个水文控制站（闽清、溪源宫、太平口、永泰）的支流入流外，其余小流域根据太平口产流量按面积做近似折算。口门外开边界设在河口外延海域。边界选用来自荷兰三角洲研究院建立的全球风暴潮预报与信息系统（GLOSSIS）中潮汐模拟结果[192]。模型每个开边界计算节点从全球风暴潮预报与信息系统模拟结果中实时提取给定时段潮位过程线，时间间隔为半小时。水面降雨采用位于下游河道干流的竹岐水文站与文山里水文站的逐时降雨数据平均值。

5.2.3　模型率定

根据模型模拟水位值与实测水位值误差最小的原则对糙率进行优化调试，确定糙率的选用值。率定过程如下：首先，根据经验或参考其他已有的研究成果初定糙率值；其次，进行模型计算，输出各项计算结果；最后，将各站点模型计算值与水位站实测值进行比较分析后，再进一步调整前面的初定糙率值，反复进行比较与调整，直至模型的计算水位与实测水位基本符合。

通常情况下，自然演变河床底部地形的变化远远慢于水位等水文要素的变化，但是由于来沙量减少，潮洪冲刷和人工采砂等原因，闽江口门地形在

2009 年到 2015 年变化较大，河床下切显著。为避免地形变化影响糙率参数的率定，进而影响模型模拟的结果，采用 2009 年地形，对 2009 年 1—6 月闽江主流上的 7 个站点[下浦，竹岐，文山里，解放大桥上，白岩潭，琯头(梅屿)，峡南]的实测水位进行率定；采用 2011 年地形，对 2011 年 1—6 月闽江主流上的 6 个站点[下浦，竹岐，文山里，解放大桥上，白岩潭，琯头(梅屿)]的实测水位进行率定；采用 2015 年地形，对 2015 年 1—6 月闽江主流上的 7 个站点[下浦，竹岐，文山里，解放大桥上，白岩潭，琯头(梅屿)，峡南]的实测水位进行率定。

率定模型的上游边界采用下浦站实测水位，闽清站实测流量作为梅溪边界，永泰站实测流量作为大樟溪实测流量。由中国海区域潮汐潮流模型提供的水位/潮位-时间序列作为下游海域边界，时间间隔为半小时。率定结果表明初始糙率[公式(5-12)中的 n_{min}]最优值为 0.03。模型的评估指标结果如表 5-3。模型验证结果表明，多个站点测量值和模型值平均偏差在 0.10～0.14 m 之间。水位时间序列观测值和模型模拟值之间相关系数 r 都在 0.9 以上，表明水位的相位误差也很小，同时均方根误差 *RMSE* 大多都在 0.3～0.4 m。确定性系数 *DC* 基本大于 0.85。

表 5-3　Delft3D 模型率定结果

率定时段	站名	*MBE*(m)	r	*RMSE*(m)	*DC*
2009 年 1—6 月	下浦	−0.08	0.99	0.11	0.99
	竹岐	−0.15	0.97	0.30	0.87
	文山里	−0.24	0.98	0.32	0.86
	解放大桥上	−0.18	0.96	0.34	0.88
2009 年 1—6 月	峡南	−0.03	0.99	0.22	0.99
	白岩潭	−0.09	0.91	0.59	0.80
	琯头(梅屿)	0.06	0.97	0.35	0.94
	平均	−0.10	0.97	0.32	0.90
2011 年 1—6 月	下浦	−0.02	0.99	0.09	0.99
	竹岐	0.16	0.92	0.37	0.80
	文山里	0.06	0.96	0.27	0.91
	解放大桥上	0.02	0.95	0.33	0.90
	白岩潭	0.31	0.89	0.68	0.72
	琯头(梅屿)	0.28	0.92	0.63	0.80
	平均	0.14	0.94	0.40	0.85

续表

率定时段	站名	MBE(m)	r	RMSE(m)	DC
2015年1—6月	下浦	−0.02	0.99	0.13	0.99
	竹岐	−0.13	0.91	0.53	0.69
	文山里	−0.30	0.97	0.52	0.72
	解放大桥上	−0.24	0.97	0.44	0.85
	峡南	−0.11	0.96	0.38	0.91
	白岩潭	0.06	0.96	0.40	0.92
	琯头(梅屿)	0.15	0.95	0.48	0.89
	平均	−0.08	0.96	0.41	0.85

5.2.4 水位验证

根据率定参数，对2009年，2011年，2015年这三个年份的7月到12月实测数据及2019年两个潮时的实测数据做验证运行。在验证过程中模型边界与率定过程所采用的边界设定相同，闽江下游最主要的支流为大樟溪，其次为梅溪，这两个支流的控制站(即永泰站及闽清站)实测流量作为边界入流条件，闽江下游区间地形采用相应年份地形图。由于没有2019年的实测地形数据，2019年采用2015年地形。验证站点包括闽江主流上的7个站点[下浦，竹岐，文山里，解放大桥上，峡南，白岩潭，琯头(梅屿)]。2019年测量数据时间序列较短，包含两部分，分别是2月23日一个大潮期(25小时)和3月2日一个小潮期间。

根据潮位验证结果(表5-4)，2009年7个水位站计算潮位和实测潮位平均偏差−0.10 m，相关系数 r 为0.97；2011年6个水位站水位平均误差0.12 m，相关系数 r 为0.94；2015年7个水位站水位平均误差0.15 m，相关系数为0.96。2019年大小潮验证评估结果显示，平均潮位误差偏大，大潮的平均潮位误差达0.12 m，小潮平均偏差达0.27 m。相位的误差还是很小，模型模拟潮位和实测潮位两个时间序列的相关系数都超过了0.8。大潮确定性系数0.7～0.9，小潮确定性系数略低。

表 5-4 Delft3D 模型潮位模拟验证结果

验证时段	站名	*MBE*(m)	*r*	*RMSE*(m)	*DC*
2009 年 7—12 月	下浦	−0.08	0.99	0.11	0.99
	竹岐	−0.17	0.96	0.33	0.86
	文山里	−0.24	0.98	0.32	0.87
	解放大桥上	−0.18	0.97	0.31	0.91
	峡南	−0.01	0.99	0.20	0.99
	白岩潭	−0.06	0.92	0.56	0.82
	琯头(梅屿)	0.05	0.97	0.35	0.94
	平均	−0.10	0.97	0.31	0.91
2011 年 7—12 月	下浦	0.03	0.99	0.09	0.99
	竹岐	0.08	0.90	0.37	0.79
	文山里	0.01	0.96	0.25	0.92
	解放大桥上	0.04	0.95	0.33	0.91
	白岩潭	0.27	0.90	0.65	0.75
	琯头(梅屿)	0.26	0.93	0.61	0.82
	平均	0.12	0.94	0.38	0.86
2015 年 7—12 月	下浦	0.03	0.99	0.12	0.99
	竹岐	0.15	0.91	0.52	0.70
	文山里	0.32	0.97	0.55	0.70
	解放大桥上	0.25	0.98	0.44	0.86
	峡南	0.09	0.96	0.37	0.92
	白岩潭	0.05	0.95	0.43	0.91
	琯头(梅屿)	0.15	0.95	0.48	0.90
	平均	0.15	0.96	0.42	0.85
2019 年 2 月 23 日(大潮)	绿洲	−0.28	0.94	0.41	0.77
	文山里	−0.21	0.91	0.48	0.79
	解放大桥上	−0.19	0.85	0.69	0.70
	解放大桥下	0	0.82	0.82	0.67
	峡南	−0.09	0.94	0.51	0.88
	白岩潭	0.07	0.93	0.62	0.85
	平均	−0.12	0.90	0.59	0.78

续表

验证时段	站名	*MBE*(m)	*r*	*RMSE*(m)	*DC*
2019 年 3 月 2 日（小潮）	绿洲	0.13	0.87	0.39	0.60
	文山里	0.17	0.83	0.52	0.61
	解放大桥上	0.22	0.74	0.74	0.45
	解放大桥下	0.41	0.75	0.86	0.40
	峡南	0.23	0.88	0.62	0.69
	白岩潭	0.48	0.87	0.80	0.54
	平均	0.27	0.82	0.66	0.55
2019 年全年	下浦	−0.36	0.97	0.65	0.91
	竹岐	−0.20	0.88	0.65	0.75
	文山里	−0.18	0.87	0.57	0.73
	解放大桥上	−0.17	0.81	0.69	0.63
	琯头	−0.11	0.90	0.64	0.80
	平均	−0.20	0.89	0.64	0.76

综上所述，2009 年到 2019 年中的不同时段，多个站点的水位/潮位验证表明，二维水动力学模型的建立，边界条件的选取，地形概化，参数集合的选取是合理可靠的，长时段（全年）模型模拟水位和实测水位误差、相关系数、*RMSE* 和确定性系数等指标说明了模型的率定和验证的合理性和准确性。尤其是 2009 年，2011 年，2015 年全年实测水位包含旱季、雨季、洪水等完整的水文特征，构建的二维水动力学模型能准确地模拟河口不同位置各站点的水位。

5.3　闽江下游及河口水流特征分析

5.3.1　下游及河口流场特征分析

5.3.1.1　流场特征

采用根据 2015 年地形数据率定得到的模型进行闽江河口的流场特征分析。从模型模拟的结果提取闽江口大潮涨急时刻和落急时刻流态如图 5-3、图 5-4 所示。

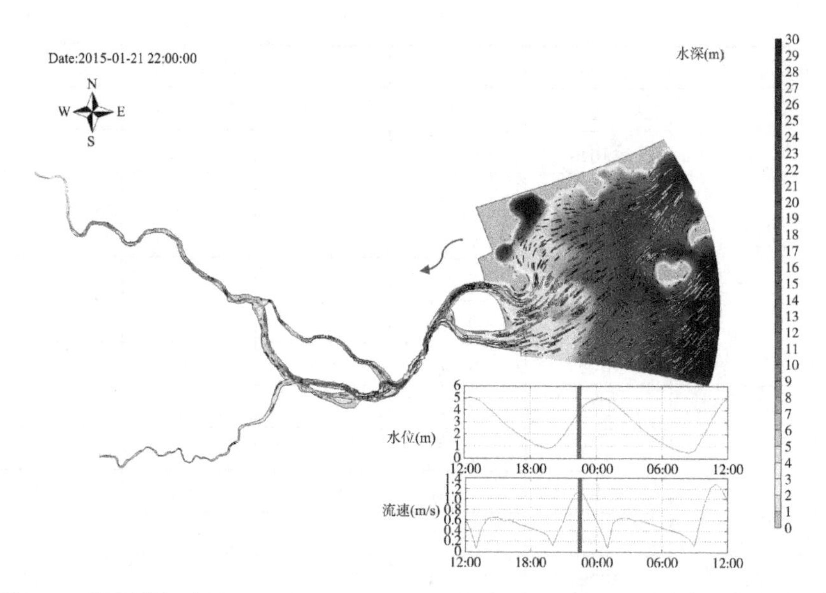

图 5-3　大潮涨急时刻(2015 年 1 月 21 日 22 点)流速分布及白岩潭站水位流速变化

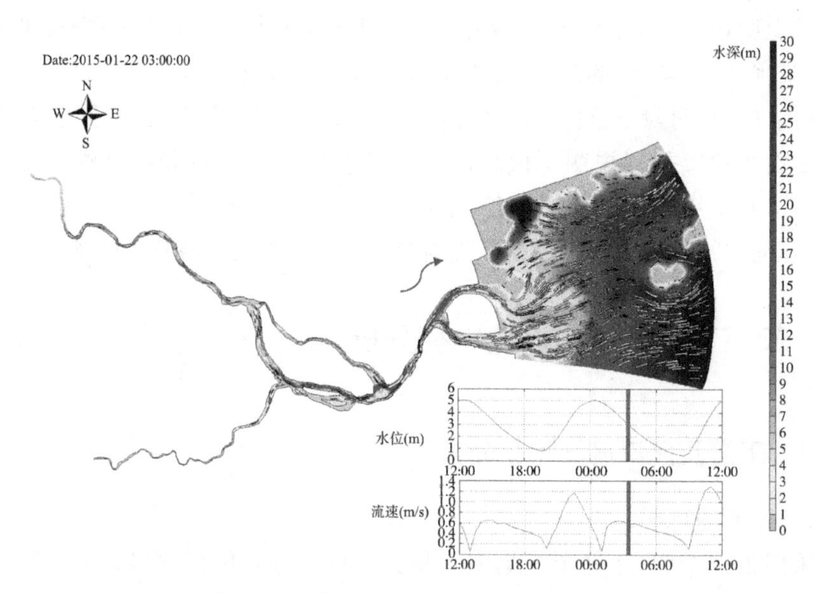

图 5-4　大潮落急时刻(2015 年 1 月 22 日 3 点)流速分布及白岩潭站水位流速变化

涨潮时,外海潮流由东北向西南向运动,潮流经铁板砂等水下砂体和琅岐岛分流,一股较强潮流经由川石水道,与北侧熨斗水道潮流合并,经长门水道涌至闽江口门内，流速可高达 1.5 m/s；而另一股稍弱的潮流经梅花水道稍后涌入口门，与之合并流入闽江，涌至马尾，涨潮流向为 330°～270°（正北方向顺时针旋转）。落潮时，外海潮流主要由西向东运动，落潮流向为 90°～120°。口门内潮流经梅花水道先落，然后川石水道落潮流加入，一起流向东方。口门内

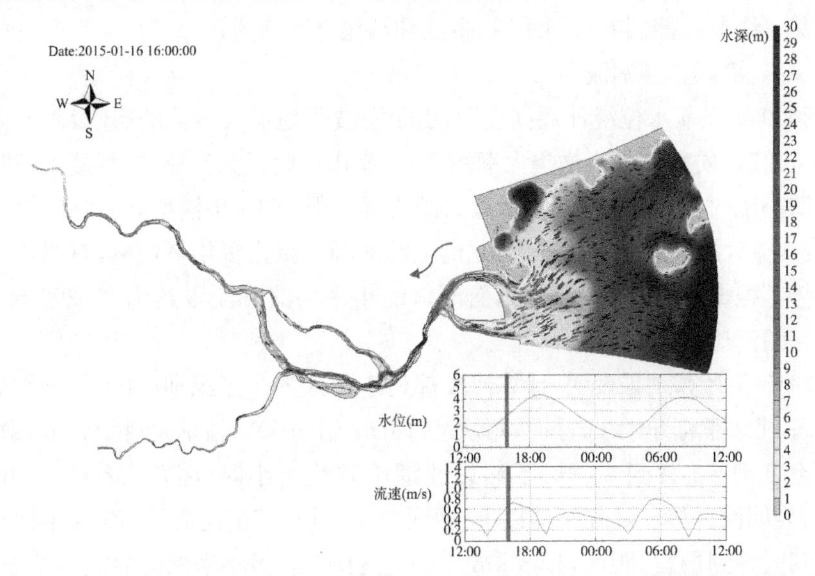

图 5-5　小潮涨急时刻（2015 年 1 月 16 日 16 点）流速分布及白岩潭站水位流速变化

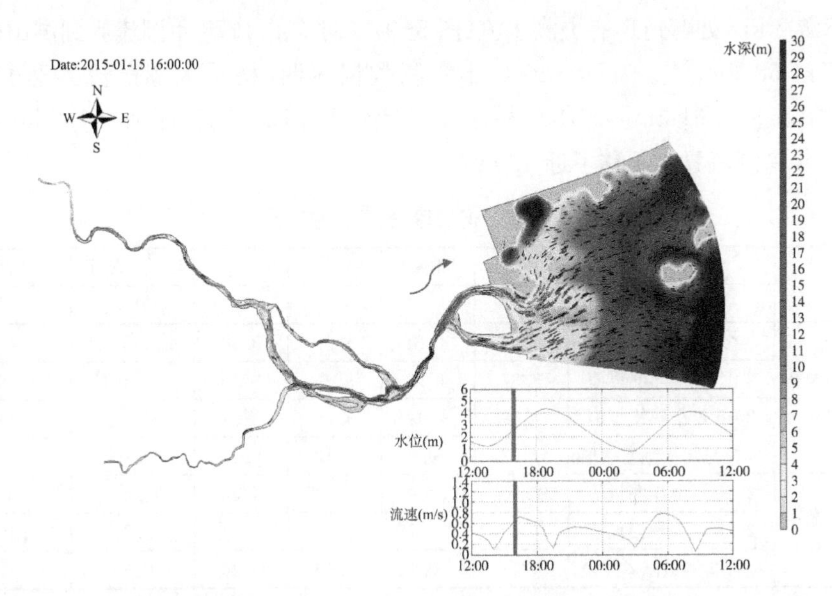

图 5-6　小潮落急时刻（2015 年 1 月 15 日 16 点）流速分布及白岩潭站水位流速变化

涨落潮流受河岸控制，主要表现为沿着河道的往复流。涨、落潮最大流速分别出现在高平潮、低平潮前 4 到 5 个小时，呈驻波特征(图 5-3，图 5-4，图 5-5，图 5-6，图中同时显示了白岩潭站的水位和流速过程线)。从潮流动力强弱来看，外海海域流速略小于近岸浅水区域，从流速沿岸分布情况看，最大流速集中出现在受岸线节点控制的长门水道、亭江和马尾之间河道。

5.3.1.2　潮区界与潮流界

2009 年以前水位统计数据表明，由于潮波受地形及径流的影响，潮差向上游迅速递减，侯官附近为枯季大潮潮区界，文山里附近为潮流界；解放大桥附近为汛期小潮时潮区界，白岩潭附近为潮流界。但 2015 年模型和实测结果表明(见表 5-5)，河口潮差变化不大，北港上游的潮差相比多年平均值，有明显增大的趋势。根据模型计算，梅花断面河口的年平均涨潮流量约为 15 200 m^3/s，径流与潮流比值为 0.211。

2015 年计算结果表明，计算河段都处于潮区界。当汛期(10 000 m^3/s)小潮时，下浦站涨潮历时约 5 小时，潮差大约 1 m(图 5-7)。枯季大潮(308 m^3/s)时，2015 年 1 月 22 日到 24 日，下浦站涨潮历时约 4 小时，潮差大约 5.7 m(图 5-8)，表明潮区界已经在下浦以上，距河口 102 km。相比之下，1973 年枯水期大潮潮区界到侯官，距河口 68 km[193]。这表明 40 多年来潮区界上移了 30 多 km。而对应的潮流界也上移到下浦附近，如枯季大潮(308 m^3/s)涨急时刻，下浦下游 2 km 处弯道还有上溯水流(图 5-9)。对应的 1973 年潮流界到洪山桥，距河口 58 km[193]。1999—2000 年实测数据表明，枯季大潮潮流界达文山里[194]，距河口 61 km。2015 年枯季大潮潮流界到下浦附近，距河口 102 km，近 20 多年来潮流界也上移了近 40 km。

表 5-5　河口段沿程潮差变化

	站名	梅花	琯头	白岩潭	峡南	解放大桥上	文山里
	距河口(km)	0	11.4	32	46	51.5	61
平均潮差(m)	多年平均值[195]	4.46	4.10	4.00	3.46	1.53	0.40
	2015 年全年测量值	3.37	4.11	3.88	3.66	3.26	2.76
	2015 年全年模拟值	5.09	4.09	4.00	3.91	4.05	3.88
	模拟与测量潮差差值	1.72	−0.02	0.12	0.25	0.79	1.12
最大潮差(m)	2015 年全年测量值	7.00	5.69	5.24	4.84	4.69	4.31
	2015 年全年模拟值	7.00	5.52	5.29	5.24	5.37	5.19
	模拟与测量潮差差值	0	−0.17	0.05	0.40	0.68	0.88

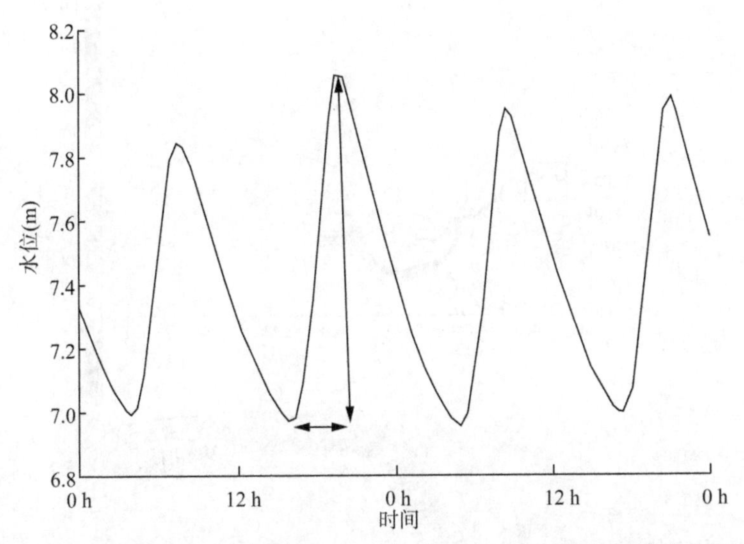

图 5-7 汛期(10 000 m³/s)小潮时(2015 年 1 月 14 日到 16 日)下浦站水位变化
(注:横向双箭头线表示涨潮历时约 5 小时,纵向双箭头线表示潮差约 1 m)

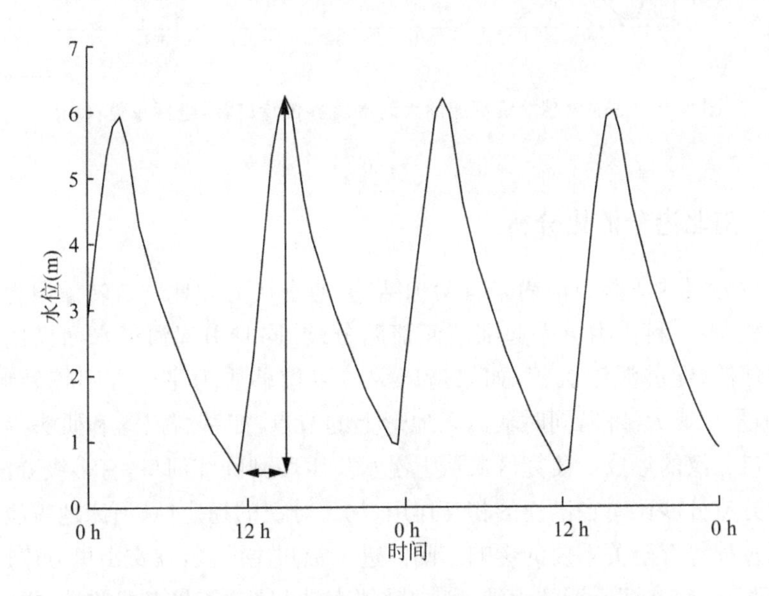

图 5-8 枯季(308 m³/s)大潮时(2015 年 1 月 22 日到 24 日)下浦站水位变化
(注:横向双箭头线表示涨潮历时约 4 小时,纵向双箭头线表示潮差约 5.7 m)

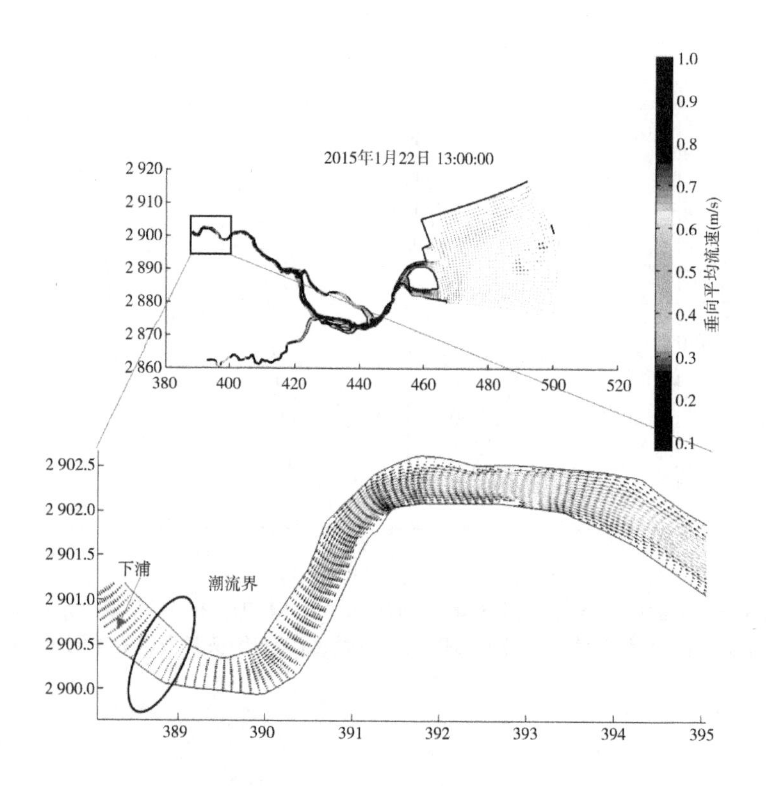

图 5-9　枯季大潮涨潮潮流最大时潮流界位置(横纵坐标单位:km)

5.3.2　南北港分流比分析

河口分汊的成因目前尚未有明确结论,通常认为和地球自转偏向力,即科氏力有关[196]。科氏力会引起涨落潮流路分歧,同时引起河口水面横比降,导致横向环流,促进泥沙沉积,如果造床泥沙以推移质为主[197],则较易形成浅滩,逐渐累积成大沙洲,同时辅助以地形上的节点,如基岩出露和矶头等,从而导致河口分汊的形成。研究区域从上游水口水库到闽江河口,有多级分汊。分汊处的分流分沙比对径潮流的相互作用、河道分汊的稳定性、河床地貌演变、咸水上溯过程等有至关重要的影响。闽江进入福州主城区,在文山里分流口被分为南北两支,南支即所谓的南港,科贡紧邻南港起始端;北支即北港,文山里紧邻南港起始端。南北港于马尾白岩潭断面汇合,进入闽江河口。因此本研究把北港文山里/南港科贡分流比作为一个模型指标,分别从测量和模型模拟两方面来分析。

5.3.2.1　实测大潮数据分析

2019 年 2 月 23 日一个大潮（25 小时）期间的水位和流量测量数据表明，南北港的流量均受潮流影响明显。主河道大部分潮流流量是由南港贡献，最大瞬时流量均在 4 000 m^3 左右，累计落潮流量大于涨潮流量（见图 5-10 —×—线）。北港涨、落潮流占比均比较小，最大瞬时流量均在 1 000 m^3 左右（见图 5-10 —+—线），累计涨潮流量大于落潮流量。

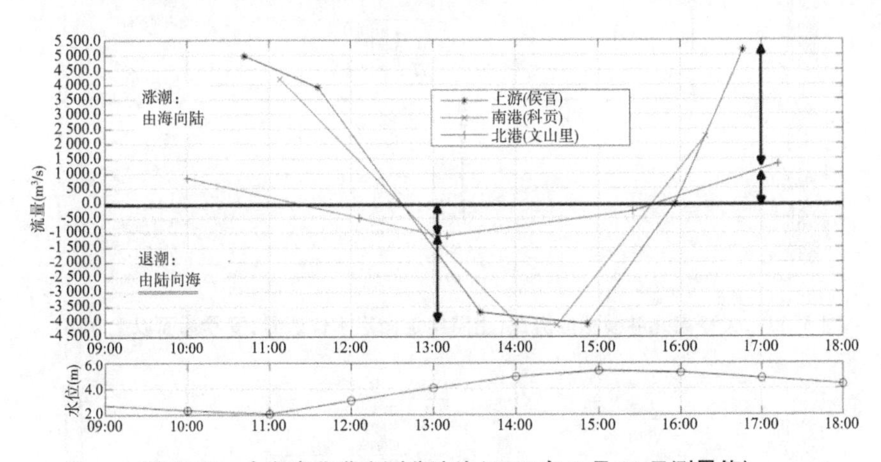

图 5-10　大潮南北港实测分流比（2019 年 2 月 23 日测量值）

5.3.2.2　模型模拟结果分析：大潮周期

以 2019 年的模型为基础，进行分流比计算。由于 2019 年地形缺失，模型采用 2015 年地形资料。梅溪边界和大樟溪边界用平均流量（共 18.6 m^3/s）来概化。下游海域开边界还是从全球潮波模型提取。由于在 2019 年实际测量时间段无上游入流边界数据，分别采用不同的上游边界条件用模型模拟来分析不同上游来水情况对南北港分流比的影响，即：①采用平均水位 3 m 的水位边界（罗零基面）；②采用闽江枯季水口水库下泄最小流量（308 m^3/s）；③采用汛期中等洪水流量（10 000 m^3/s）。

图 5-11 至图 5-13 是模型模拟北港文山里/南港科贡分流比结果。图 5-11 是上边界采用固定水位边界时的结果，涨潮时，南港科贡断面瞬时流量约 4 000 m^3/s，北港文山里断面约 1 000 m^3/s。落潮时，南港科贡断面瞬时流量约 5 000 m^3/s，北港文山里断面瞬时下泄流量约 1 500 m^3/s。图 5-12 是上边界采用闽江河口枯季水口水库下泄最小流量（308 m^3/s）边界时的分流比结果，涨潮时，南港科贡断面瞬时流量约 6 000 m^3/s，北港文山里断面约 1 800 m^3/s。

落潮时，南港科贡断面瞬时流量约 8 500 m^3/s，北港文山里断面瞬时下泄流量约 2 500 m^3/s。图 5-13 是上边界采用洪季典型流量(10 000 m^3/s)时的分流比结果。涨潮时，由于下泄流量大，南北港涨潮流量均减小。南港科贡断面瞬时流量约 1 500 m^3/s，北港文山里断面约 500 m^3/s。落潮时，南港科贡断面瞬时流量约 9 000 m^3/s，北港文山里断面瞬时下泄流量约 2 500 m^3/s。

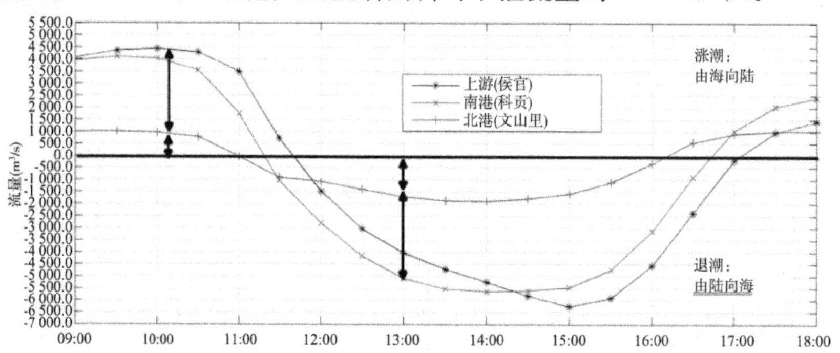

图 5-11　大潮南北港模拟分流比(上游给定固定水位边界，罗零基面以上 3 m)

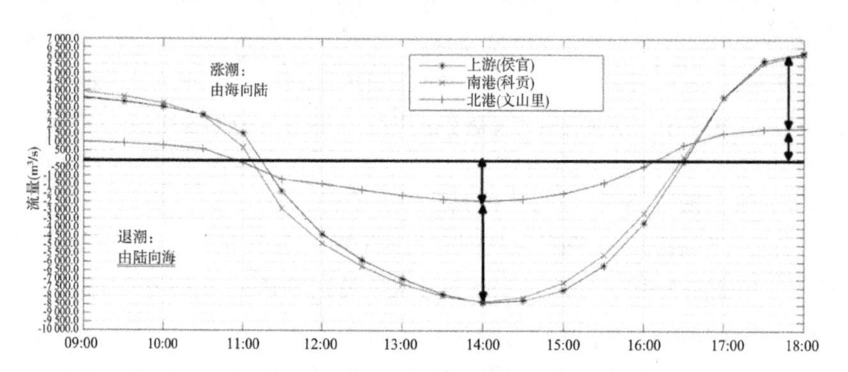

图 5-12　大潮南北港模拟分流比(上游给定流量边界 308 m^3/s)

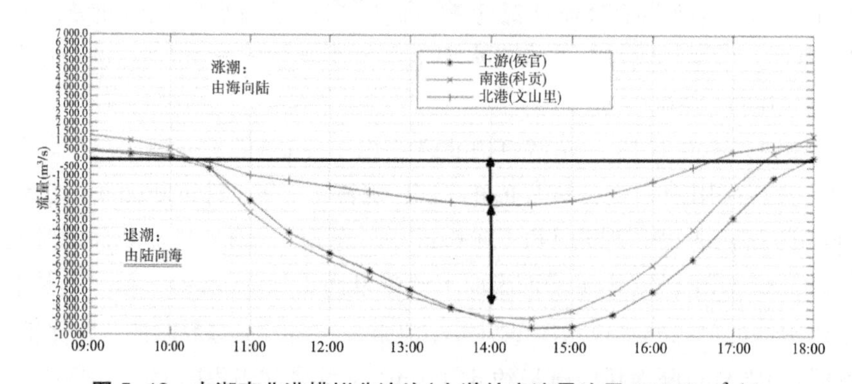

图 5-13　大潮南北港模拟分流比(上游给定流量边界 10 000 m^3/s)

从这些结果来看，涨潮时，南港贡献率约是北港的 3～4 倍。落潮时南港贡献率约是北港的 2～3 倍。当上游来水较小（枯季）时，南北港比例是略大于 2∶1，来水较大时（汛期）时，南北港比例是略小于 3∶1，说明南北港分流比对上游的流量变化不是十分敏感。

5.3.2.3 模型模拟结果分析：多个潮周期

前文中用 2015 年的基础数据建立了模型，率定和验证结果表明模型基本能反映闽江下游段水动力学特征。这里用该模型来分析多个潮周期的北港文山里/南港科贡分流比。采用 2015 年模型模拟出一个月大小潮南北港的瞬时流量之比，见图 5-14(a)（大潮）和图 5-14(b)（小潮）。

大潮涨潮时，南港通过科贡断面的上溯最大流量（约 8 000 m^3/s）大概是北港文山里断面（约 3 000 m^3/s）的 2 倍多接近 3 倍。大潮落潮时南港最大下泄流量（约 6 000 m^3/s）大概是北港（约 1 800 m^3/s）的 3 倍多。

小潮涨潮时，南港通过科贡断面的上溯最大流量（约 4 000 m^3/s）大概是北港文山里断面（约 1 800 m^3/s）的 2 倍略多。小潮落潮时南港最大下泄流量（约 5 000 m^3/s）大概是北港（约 1 800 m^3/s）的 2 倍多接近 3 倍。

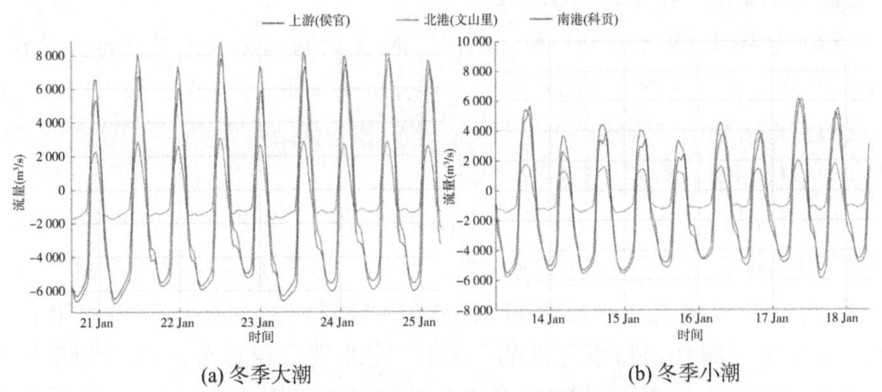

(a) 冬季大潮　　(b) 冬季小潮

图 5-14 南北港分汊冬季大潮与冬季小潮期间瞬时流量及其与上游（侯官）的对比（负数表示落潮，正数表示涨潮）

从图 5-14 中还可以看出，不论是大潮小潮，北港涨潮时间较短，而落潮时，下泄流量较为均匀，持续时间也较长。而南港涨落时间长短接近，变化较为均匀。在涨潮时，北港的潮流通过文山里断面上溯。北港潮流先涨约 30 分钟（时间跟上游来水相关），而后南港开始转流上溯，而且流量比北港大得多。北港和南港涨潮流汇聚在一起，上溯通过侯官断面，由于上游径流顶托，侯官断面的流量比南港科贡断面流量小。落潮时，北港先落大概 30 分钟，南港紧接着落潮。

北港落潮时间略长，落潮流量随时间变化小。这可能与北港河道被较高程度渠化，河漫滩面积较小有关。

关于分流比，以往研究表明，沙源充足的冲积型平原河流自动调整作用表现得很明显，尤其是在大洪水及随后的一段时间内，河床及边界的调整非常迅速[123,196-198]。最终调整结果不仅需要满足水沙平衡的要求，而且需要按相应规律分配系统内部的能量。一般认为能量按最低能耗率原理来分配。在均匀流的条件下能耗率最低就是水头损失最小。冲积河流的自动调整过程，即是水流调整到最小阻力状态的过程[199]。分汊型河道受沙洲的影响发生分流，在水流、沙洲与河床的相互作用下，不断调整使水流达到最小阻力状态，即稳定状态。而南北港的分流比相对比较稳定，也说明闽江口目前的河势基本稳定，在一定程度上认为闽江口宏观形态基本稳定。

5.4 小结

本章利用长期观测地形图和实测水位数据，建立考虑河床变化的闽江下游至近海大陆架的二维水动力学模型。

(1) 考虑闽江下游至河口复杂的河道地形，针对河床变化对下游水流运动的影响，在对长期观测地形图和水位资料分析的基础上，建立起从水口水库到闽江口近海海域的二维水动力学模型。率定和验证结果表明，本书建立的二维水动力学模型模拟精度达到预期要求。

(2) 利用闽江下游至河口二维水动力学模型分析了河口水流运动特征，模型模拟的流场符合闽江河口潮汐特征。对潮流界和潮区界做了初步分析，与过去相比现在闽江河口的潮区界与潮流界均存在明显的上移现象。还分析了闽江河口南北港的分流比，南北港分汊口分流比的测量值和模型模拟结果比较吻合。河口水流运动特征分析结果进一步说明二维水动力学模型能模拟闽江下游及河口地区的水流运动特征，可以用来进行闽江下游的水位/潮位预报。

第六章

闽江下游水位的多模型集成预报

本书第三章研究了神经网络模型在水文预报中的应用;第四章构建了一个分布式地貌单位线模型 TOPGIUH,并进行了无资料区应用研究;第五章在河床变化的条件下研究了二维水动力学模型在闽江下游的适用性。本章在这几个模型的基础上,根据数据资料情况将闽江下游边侧流域划分为两种,即有资料边侧流域与无资料边侧流域,对于有资料边侧流域采用 LSTM 神经网络预报方法,对于无资料边侧流域采用 TOPGIUH 模型进行预报,将边侧流域径流预报作为二维水动力模型的入流边界,进行闽江下游感潮河段的水位预报,建立了闽江下游多模型集成预报方法,并以此为基础构建了闽江下游水位预报系统。

6.1　闽江下游区域划分

闽江下游河道来水可以分为两部分,一是上游来水,经水口大坝调节后下泄进入下游河道;二是下游两岸的区间入流。研究区域又可以根据实测水文资料情况,分为有资料区域与无资料区域。

闽江干流水口大坝以上集水区有降水观测,坝下也有水位观测,但由于坝下水位受到潮汐影响,无法建立可靠的水位-流量关系以获得水口大坝出流流量,而水口大坝出流量又是下游河道二维水流模型的重要上边界条件,因此通过对下游竹岐站流量数据处理,可以将水口大坝以上集水区近似作为有资料区。

闽江干流水口大坝以下区间有实时水位流量观测数据的水文站共有 6 个

[即:闽清、溪源宫、太平口、永泰、竹岐及赤桥(二),见图 6-1],其中,竹岐站位于干流河道中,受潮汐影响严重;赤桥(二)站控制面积仅 9.96 km^2,对闽江干流影响甚小,这两个站点的流量观测数据不宜用于构建区间径流预报。其他 4 个水文站控制的集水区,与各自相邻的部分边坡汇流区合并,作为有资料区处理,这样闽江下游共有梅溪闽清区、溪源宫区、清凉溪太平口区和大樟溪永泰以上区 4 个有资料区。

闽江下游水口至入海口之间没有水文观测站的主要支流有左岸的安仁溪(331.8 km^2)、上寨溪(97.5 km^2)、大目溪(191 km^2);右岸的穆源溪(136.8 km^2)、小目溪(106 km^2)、淘江(157 km^2)和上洞江(117 km^2)等。对于这些没有流量观测资料的区域,为了满足二维水流模型的边界入流输入需求,同时考虑到无资料小流域产流预报模型构建的可行性,将全部的无资料区划分为 8 个片区,分别是闽侯江北、闽侯江南、福州北与闽侯东、马尾与连江南、长乐北、大樟溪永泰以下、仓山和琅岐(见图 6-1)。这些片区以较大的封闭自然流域的边界为基础,就近合并相邻的边坡型小流域。

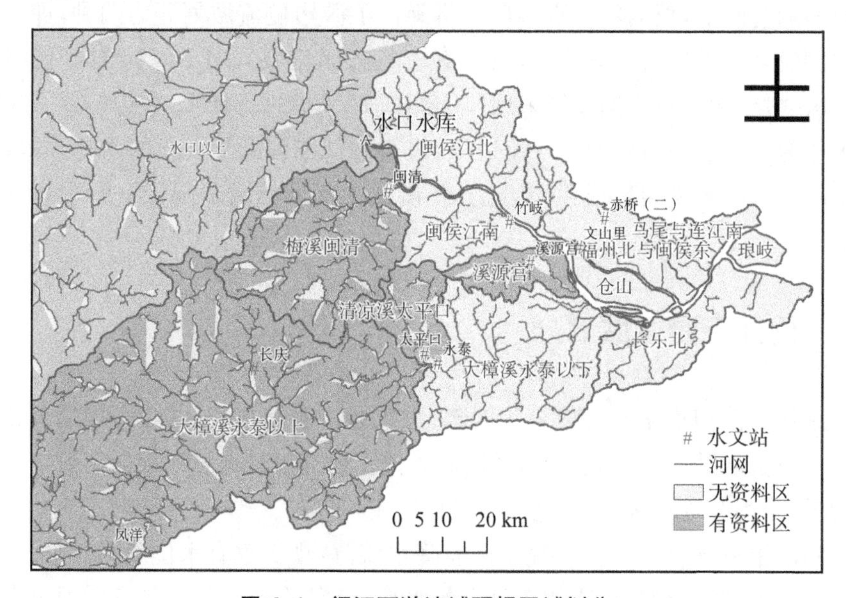

图 6-1 闽江下游流域预报区域划分

6.2　多模型集成方法

6.2.1　闽江下游预报模型

对于闽江干流上游主河道入流边界，对下游竹岐站流量数据进行处理，将水口大坝以上集水区近似作为有资料区，构建水口大坝出流的LSTM神经网络模型。对于干流两侧区间入流，针对梅溪闽清区、溪源宫区、清凉溪太平口区和大樟溪永泰以上区4个有资料区，利用实时水位流量观测数据构建LSTM神经网络模型。LSTM神经网络模型在应用于水文预报中时，不需要对流域降雨径流过程进行专门研究即可建立相应的预报方案，但是需要大量历史径流观测资料来进行训练以获得较好的模型表现，同时模型预报结果随着预见期的增长，预报结果会越来越差。因此在那些有着丰富观测资料的地区短期预报应用中，采用LSTM神经网络模型进行预报是很好的选择。

对闽侯江北、闽侯江南、福州北与闽侯东、马尾与连江南、长乐北、大樟溪永泰以下、仓山和琅岐8个无资料区域，构建TOPGIUH模型对这8个区域进行流量预报。基于TOPMODEL与地貌瞬时单位线构建的TOPGIUH模型对历史径流观测资料的依赖程度很低，转而通过DEM、土壤数据等资料来确定模型参数，根据闽清流域的模拟结果来看，TOPGIUH模型能够较好地模拟流域降雨径流过程，但是TOPGIUH对降雨径流过程的考虑并不全面，更偏向以蓄满产流模式为主的流域，这就使得TOPGIUH模型的应用可能具有一定的局限性。尽管如此，TOPGIUH模型依然是流域洪水预报的一个很好的方法，因此在闽江下游无、缺径流观测资料的地区进行水文预报时，考虑TOPGIUH模型。

对于闽江下游自水口大坝至闽江河口主河道，采用第五章构建的二维水动力学模型，以有资料区LSTM神经网络模型预报结果与无资料区TOPGIUH模型预报结果作为入流边界，从全球风暴潮预报与信息系统（GLOSSIS）结果中实时提取未来给定时间的潮位过程作为外海边界，以此构建闽江主河道的水位预报集成模型。

6.2.2　二维水动力学模型边界入流处理

以边侧流域径流预报结果作为二维水动力学模型的入流边界时，需要考虑两个方面的问题。一是水文模型和水动力学模型的时间空间尺度不一样，水文模型给水动力学模型提供边界时，需要将入流分配到水动力学模型的特定网格单元。二是水流从支流汇入主流时，有一系列复杂的物理过程，如主流会对支流有拖拽作用，由于水流混掺而引起的涡旋，等等[199]。因此对于水动力模型的入流边界流量和动量需要特别处理[200]，以保证整个模型的数值稳定性。

(1) 边界入流点设置

将流域划分为若干个区域，每个区域在主河道上对应设置一个或多个边界入流点，相应每个区域的入流量由水文模型计算获得。根据入流点对应的模型的范围，把入流量分解到水动力学模型的(一个或多个)边界网格。将闽江下游干流与两侧区间计算出的逐时径流量，进一步分解到 54 个入流点上(见图 6-2)，然后把入流点的流量平均分配到入流点相邻的边界网格中。

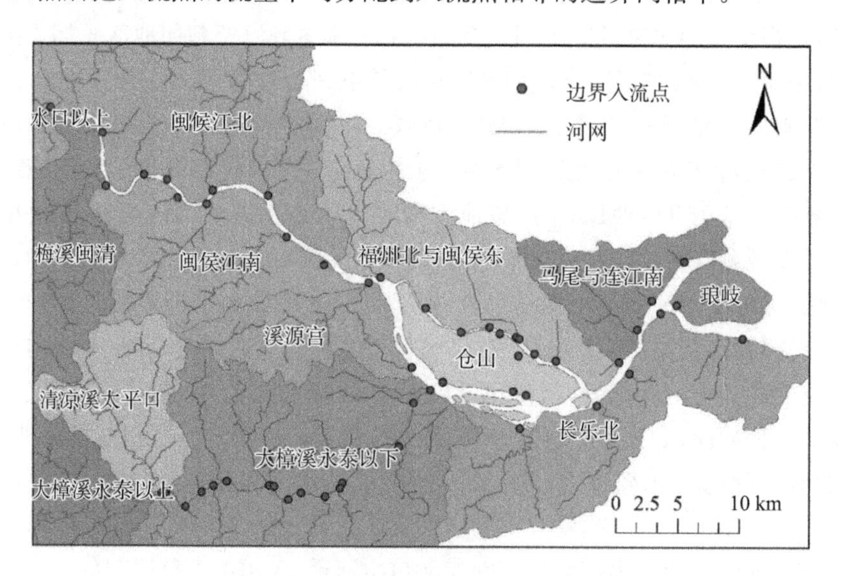

图 6-2　水动力学模型边界入流点设置

(2) 汇流边界入流流量处理

根据式(5-2)至式(5-5)中的源汇项，将水文模型提供的支流流量，按照水动力模型的时间步长赋给 q_{in}。

(3) 汇流边界入流动量处理

对于二维动量方程式(5-6)、式(5-7)，汇流边界入流的动量通常包含在水动力模型动量方程左侧的对流项中。而这时同时需要对方程右边的湍流动量

F_ξ 和 F_η 与额外动量 M_ξ 和 M_η 进行处理[201]。

a. 湍流动量 F_ξ 和 F_η 处理

在 Deflt3D 模型中，引入水平大涡流模型（Horizontal Large Eddy Simulation, HLES）来模拟由于旁侧入流带来的额外湍流动量，F_ξ 和 F_η 表示水平湍流动量，当模型水平尺度远远大于垂向尺度时，可如下近似处理：

$$F_\xi = v_H\left(\frac{1}{\sqrt{G_{\xi\xi}}\sqrt{G_{\xi\xi}}}\frac{\partial^2 U}{\partial \xi^2}+\frac{1}{\sqrt{G_{\eta\eta}}\sqrt{G_{\eta\eta}}}\frac{\partial^2 U}{\partial \eta^2}\right) \tag{6-1}$$

$$F_\eta = v_H\left(\frac{1}{\sqrt{G_{\xi\xi}}\sqrt{G_{\xi\xi}}}\frac{\partial^2 V}{\partial \xi^2}+\frac{1}{\sqrt{G_{\eta\eta}}\sqrt{G_{\eta\eta}}}\frac{\partial^2 V}{\partial \eta^2}\right) \tag{6-2}$$

$$v_H = v_{SGS} + v_H^{back} \tag{6-3}$$

式中：v_H 为湍流黏性系数，模型中通过修正 v_H 来反映水流从支流汇入主流带来的湍流。对于旁侧入流而言，v_H 中子网格黏性系数 v_{SGS} 很重要，在入流流速非常大的情况下甚至是最主要项。子网格黏性系数计算公式为：

$$v_{SGS} = \frac{1}{k_s^2}\left(\sqrt{(\gamma\sigma_T S^*)^2+B^2}-B\right) \tag{6-4}$$

$$B = \frac{3g\,|\vec{U}|}{4HC^2} \tag{6-5}$$

$$(S^*)^2 = 2\left(\frac{\partial U^*}{\partial x}\right)^2+2\left(\frac{\partial V^*}{\partial y}\right)^2+\left(\frac{\partial U^*}{\partial y}\right)^2+\left(\frac{\partial V^*}{\partial x}\right)^2+2\frac{\partial U^*}{\partial y}\frac{\partial V^*}{\partial x} \tag{6-6}$$

$$k_s = \frac{\pi f_{lp}}{\sqrt{\Delta x \Delta y}} \tag{6-7}$$

$$\gamma = I_\infty\sqrt{\frac{1-\alpha^{-2}}{2n_D}},\ I_\infty = 0.844 \tag{6-8}$$

其中，C 为谢才系数，H 为水深，g 为重力加速度，$|\vec{U}|$ 为速度数值，支流汇入的网格大小为 Δx 、Δy ，k_s 是网格特征尺度，f_{lp} 为空间低通滤波系数，n_D 为维度参数，α 为涡度能量谱的双对数坡度参数，带 * 的变量值表示波动值，即实时数据减去平均数据，如 $U^* = U(t) - \bar{U}$ 。算法如下：

$$\psi^{*} = \psi_{n+1} - \bar{\psi}_{n+1}^{t} \tag{6-9}$$

$$\bar{\psi}_{n+1}^{t} = (1-a)\psi_{n+1} + a\bar{\psi}_{n}^{t} \tag{6-10}$$

$$a = \exp\left(-\frac{\Delta t}{\tau}\right) \tag{6-11}$$

其中：ψ 代表变量，τ 是松弛时间。在模型中的各参数取值在表 6-1 中列出。

表 6-1　水平大涡流模型参数取值

参数名	意义	取值
α	双对数坡度参数	5/3
n_D	维度参数	2
f_{lp}	空间低通滤波系数	0.3
τ	松弛时间	1

b. 额外动量 M_ξ 和 M_η 处理

阻力项指的是水流从支流汇入主流带来的额外的动量项。当入流量较大时不对阻力项进行处理有可能会产生虚拟激波，从而导致整个计算系统不稳定，需要对数值加以处理，如加上额外的近区模型。阻力项计算公式如下：

$$M_\xi = q_{in}(\hat{U} - U) \tag{6-12}$$

$$M_\eta = q_{in}(\hat{V} - V) \tag{6-13}$$

式中：$\hat{U}$ 和 $\hat{V}$ 分别指支流汇入的流速带来的 ξ、η 方向的动量。$\hat{U}$ 和 $\hat{V}$ 同主流流速 U、V 差别越大，整体系统的动量会有损失。如果相差不大，支流汇入主流带来阻力的影响就相对较小。本书未考虑在某些极端情况下（如局部地区山洪等情况下，可能会出现入流流量与主流流量相当的情形）的汇流边界入流动量处理。

6.2.3　GFS 降雨数值预报数据

降雨数据是影响洪水预报精度最为重要的因素。为了实现较长预见期的洪水预报，一般都采用降雨预报数据。本书采用美国国家环境预报中心全球预报系统（GFS）的降雨预报数据以实现较长预见期的水文预报。

叶子国等人的分析表明，尽管 GFS 降雨预报数据在闽江流域精度不够理想[202]，但相比于无降雨预报信息的情况，采用GFS降雨预报数据可以较大地提升洪水预报精度，这表明GFS降雨预报有一定可用性。采用降雨预报数据作为延长洪水预报预见期的有效手段，当无法获取高精度降雨预报数据时，可采用GFS降雨预报数据。但是GFS数据较高的空报率，会使得实时预报结果偏大，导致模型精度降低。针对GFS预报的空报、偏大情况，选取竹岐站2019年5—9月的逐时实测值及竹岐站所在网格预报值，采用累积概率分布函数(Cumulative Distribution Function，CDF)校正方法进行校正。CDF校正方法假设 $f_{i,j}(x)$、$g_{i,j}(y)$ 分别为待校正数据和参考(基准)数据(i,j)位置全部时间序列像元的概率密度函数，其累积概率分布函数为：

$$F_{i,j}(x)=\int_{0}^{x}f_{i,j}(x)\mathrm{d}x \tag{6-14}$$

$$G_{i,j}(y)=\int_{0}^{y}g_{i,j}(y)\mathrm{d}y \tag{6-15}$$

CDF校正的目标是使得 $F_{i,j}(x)=G_{i,j}(y)$，校正结果如图6-3所示，校正后的GFS与实测值匹配良好。

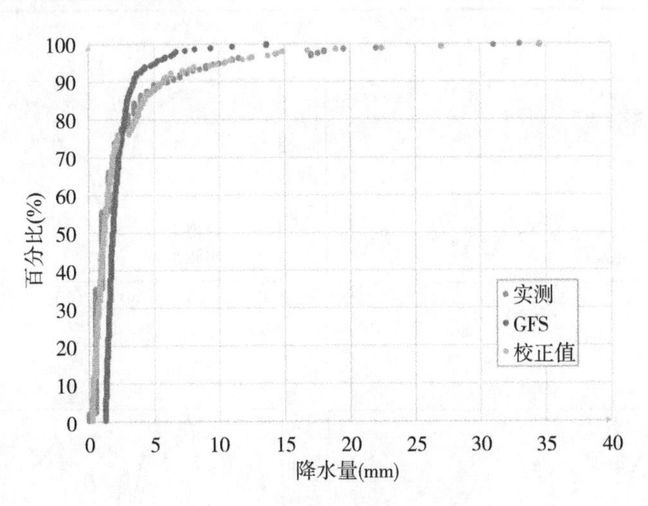

图6-3 CDF校正结果比对图

6.2.4 集成模型的模拟验证

利用集成模型对闽江干流至河口的竹岐、文山里、解放大桥上和琯头4个水位站 2019 年 6 月 1 日到 7 日 15 日的水位进行了模拟预报，这段时间内闽江下游存在强降雨导致的涨水过程。图 6-4 展示了闽江下游竹岐、文山里、解放大桥上和琯头 4 个水位站 2019 年 6 月 23 日 0 时至 6 月 28 日 12 时与 7 月 7 日 0 时至 7 月 12 日 12 时集成模型水位模拟结果，从中可以看出采用本书提出的多模型集成方法构建的集成模型能够很好地模拟闽江下游的水文变化过程。同时将 4 个水位站的水位模拟结果的评价指标在表 6-2 中列出，平均绝对误差小于 0.21 m，相关系数都在 0.9 以上，*RMSE* 小于 0.33 m，确定性系数 *DC* 均大于 0.75。各项指标也都表明集成模型能够很好地模拟闽江下游河道的水位过程。也就是说，本书提出的多模型集成方法是合理可靠的，这为解决复杂条件下的河道水文预报问题，提供了切实可行的方法。

表 6-2　集成模型模拟验证评价指标

站名	*MBE*(m)	*r*	RMSE(m)	*DC*
竹岐	0.096	0.99	0.020	0.97
文山里	−0.008	0.97	0.020	0.92
解放大桥上	0.207	0.90	0.033	0.76
琯头	0.136	0.94	0.028	0.88

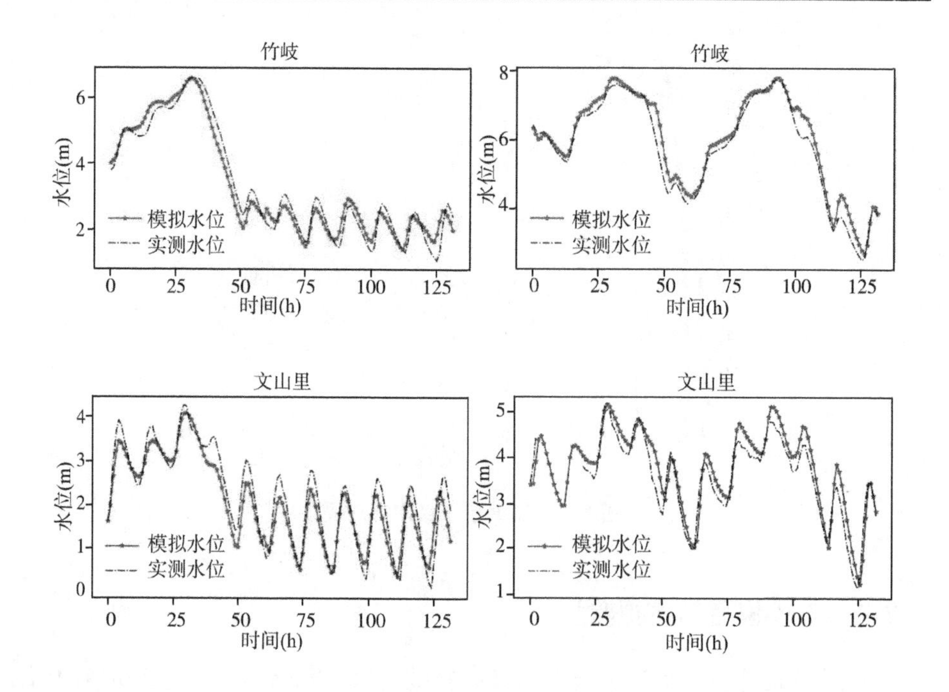

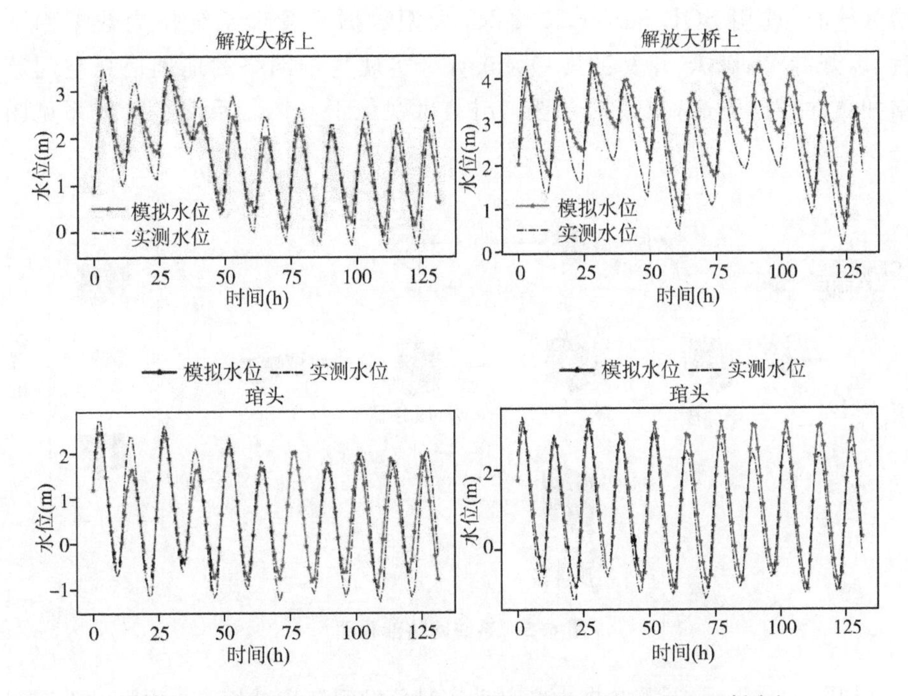

图 6-4　闽江下游 2019 年 6 月 23 日 0 时至 6 月 28 日 12 时(左)
与 7 月 7 日 0 时至 7 月 12 日 12 时(右)集成模型水位模拟结果

6.3　闽江下游水位预报系统设计与实现

基于闽江下游多模型集成预报方法，采用大型数据库管理系统，以开源 WebGIS 开发工具实现基于网络的地理信息空间数据和属性数据表达，构建集数据管理、分析、展示一体化的闽江下游水文预报系统。

6.3.1　总体框架设计

闽江下游水文预报系统的主要功能包括：①水雨情历史及实时数据展示与查询；②闽江下游河道水位预报计算；③不同计算条件下的预报记录管理与结果展示。系统以 WebGIS 技术和数据库技术为支撑，采用 B/S 综合体系结构建设完成，水位预报参数、计算方案以及预报成果数据通过 B/S 架构系统进行控制与展示，而基于 Delft3D 模型的水动力模拟计算通过后台服务提供。应用 C＃、Javascript、CSS、Python 等语言开发平台，以 Delft3D 二维水动力模型及 TOPGIUH 与 LSTM 神经网络降雨径流预报模型为核心，选用 SQL Server 2008 R2 大型数据库管理系统作为数据库平台，以开源 WebGIS 开发工具 Openlayers 实现基于网络的地理信息空间数据和属性数据表达，集数据管理、分析、可视化于一体。系统平台体系见图 6-5。

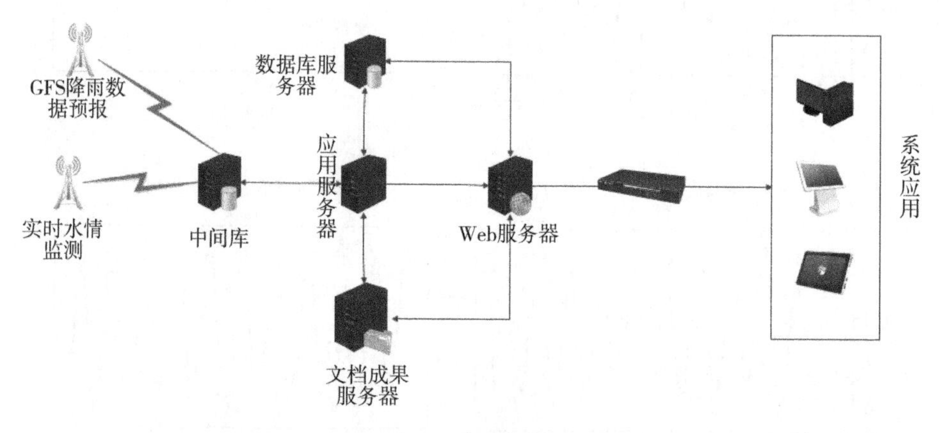

图 6-5　系统网络部署图

如图 6-5 所示，遥测数据中心自动实时分发闽江流域相关水雨情站点遥测数据，分发后的遥测数据直接被存储到中间库，同时通过后台服务每 6 小时自动下载 GFS 降雨预报数据，将解析后数据存储进中间库中；应用服务器安装 Delft3D 水动力模型计算服务，服务器从中间库中提取参与分析的实时数据，自动进行水动力模型计算，将计算成果存储于数据库服务器中，成果文档数据存储于文档成果服务器中；Web 服务器上安装 B/S 架构的水文预报系统，实现对 Delft3D 水动力模型运行参数的管理维护、实时水雨情数据的管理以及模型计算成果的展示等，通过计算机网络为多用户提供水文预报服务。

6.3.2　闽江下游水位预报系统的主要功能

6.3.2.1　实时水情数据库衔接

福建省实时水情数据库是本系统最重要数据源。福建省实时水情数据库涵盖了福建省各水位遥测站点的动态时间监测数据(包括闽江流域各监测站点监测数据)。为了保证实时水情数据库的安全性以及数据库分析性能要求，水情数据库衔接采用中间库的方式，从实时水情数据库提取闽江下游相关数据构成中间数据库，水动力模型进行模拟分析时将直接从中间库中获取需要的数据，中间库只涵盖闽江流域相关遥测站点的监测数据，相对于总库来说数据量会大大减少，有效保证数据检索分析速度；水动力模型服务直接通过数据访问连接访问数据库，由于不存在数据之间的代理和转换操作，缩减了数据共享应用的流程，保证水位分析预报结果的时效性。数据获取中，遵循数据安全策略，只做数据获取不做数据更新操作。

实时水雨情数据衔接采用中间库的方式，由遥测数据分发系统直接更新中间数据库，按照 15 分钟更新频率来更新系统需要的站点的实时水雨情数据。

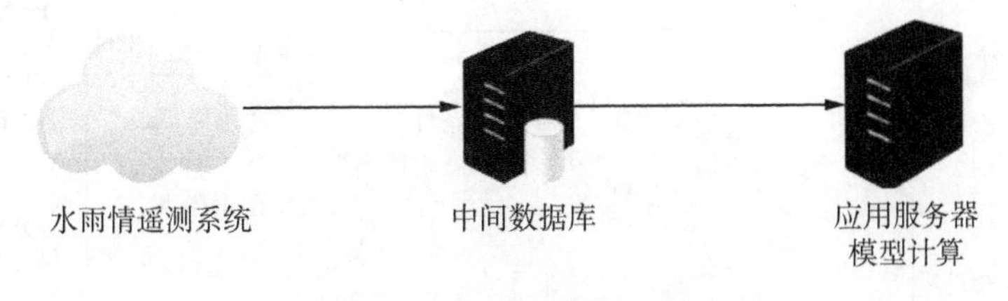

图 6-6 数据衔接应用图

如图 6-6 所示，水雨情遥测系统负责全国水情、雨情等实时监测数据的统一管理和分发，通过 GRPS 或者其他专用网络，实时获取各监测站点监测数据，通过水雨情遥测系统自上而下逐级向管理部门分发所辖范围内监测站点的遥测数据，水利相关部门根据需求申请相关站点数据，准备数据库服务器及标准数据库，连接水利部门内部专网，水雨情遥测系统通过配置便可向服务器实时分发需要的相关站点的遥测数据。水雨情数据衔接主要通过与水雨情遥测系统对接，申请需要数据的站点后，由水雨情遥测系统实时分发并存储进准备好的中间库中，以实现与遥测数据的衔接。

6.3.2.2 数据流程设计

闽江下游水文预报系统的数据来源主要为福建省实时水情数据库及 GFS 降雨预报数据。计算分析及应用主要通过三个数据库（见图 6-7）：即实时水情中间数据库（DB1）、水文模拟预报结果文件信息数据库（DB2）、查询检索文件信息数据库（DB3）。

为了保证原实时水情数据库的安全性以及兼顾数据库分析性能要求，水情数据库衔接采用中间库的方式，即从福建省水情数据库提取闽江下游至河口区间的实时水情数据，同时获取未来 72 小时全球实时降雨预报数据，转入中间数据库 DB1 中。数据获取中，遵循数据安全策略，只做数据获取不做数据更新操作，保证原始数据库的安全。

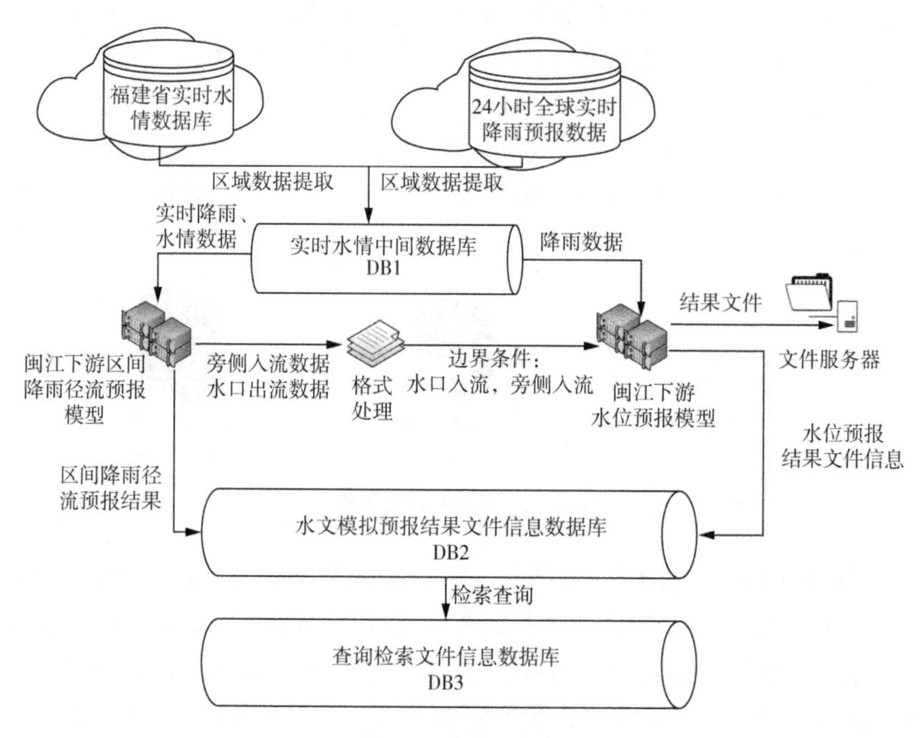

图 6-7　数据流程图

闽江下游区间降雨径流预报模型及 Delft3D 水动力模型在计算服务器进行径流预报与水动力模拟计算，两个模型都直接从 DB1 中获取所需数据，分别进行降雨径流预报及水位流场模拟预报。其中，降雨径流预报模型的预报结果仍保存到 DB1 中；Delft3D 水动力模拟预报从 DB1 中获得实时水情数据及区间入流预报数据，进行当前及未来 24 小时的闽江下游到河口二维水位、流场模拟及预报，计算结果以二进制文件形式保存在文件服务器中，同时将文件信息保存到 DB2 中。

系统自动于设定时刻(或根据用户需求)通过浏览器客户端进行预报信息查询时，从 DB2 中调用水位流场计算结果，并将查询结果文件的信息保存在 DB3 中，以方便预报方案管理与预报结果对比时快速调用。

6.3.2.3　降雨预报数据获取

降雨预报数据由 GFS 官网 https://nomads.ncep.noaa.gov/下载获得。GFS 降雨预报数据每 6 小时更新一次。通过 Perl 语言编写批量下载工具实现指定时间(历史数据 10 天内)、指定数据类型、指定存储地址下载。数据下载时间为北京时间每天 2、8、14、20 时。将闽江下游按经纬度分为 25 个网格,将 GFS 预报数据按格网存入数据库。读取数据时,同样按照格网编号来进行提取。按流域所在网格编号提取 72 小时 GFS 预报数据后,进入降雨数据预处理模块。

6.3.2.4　区间入流预报

区间入流预报程序分别从服务器数据库的实时水雨情数据表读取前期水位数据和流域内站点的前期 240 小时降雨数据,从降雨预报数据表读取未来 72 小时 GFS 降雨预报数据,每整小时定时启动。前期水位数据经过水位流量预处理,在无流量数据情况下将水位数据处理成为前期流量数据;前期降雨数据和 GFS 降雨预报数据处理成为流域面平均降雨。

由于闽江下游流域部分区域缺少水文数据,因此按照有无数据将下游分为有资料区和无资料区。其中有资料区包括梅溪闽清流域、溪源宫流域、清凉溪太平口流域和大樟溪永泰以上流域。剩余区域为无资料区,无资料区又按小流域分成若干子单元。有资料区使用 LSTM 神经网络模型,以前期流量数据、面平均降雨数据以及未来 72 小时 GFS 降雨预报数据作为输入;无资料区以子单元为单位使用 TOPGIUH 模型,以未来 72 小时 GFS 降雨预报数据作为输入,模型计算结果合成为分区流量预报。区间入流预报流程见图 6-8,预报结果实时写入预报数据库。

6.3.2.5　水位预报

水位预报的基本过程是从区间入流预报的结果表读取未来 72 小时旁侧入流数据,从 FORECAST 表读出水口水库出流,将 72 小时 GFS 预报数据作为降雨边界条件,每 6 小时整点启动水位预报模块,进行未来 72 小时水口大坝以下至河口的水位实时预报。采用上一次预报的全部计算点的水位结果作为下一次水位预报模型的初始时刻水位。下游水位边界采用全球潮波模型的未来 72 小时边界点潮水位预报,时间间隔为每半小时一个数据。模型的输出结果是模型模拟范围内(从水口到外海)每个网格点的水位、流速和用户指定断面的流量。水位预报流程见图 6-9,预报结果以二进制格式文件保存,同时实时写入预报数据库。

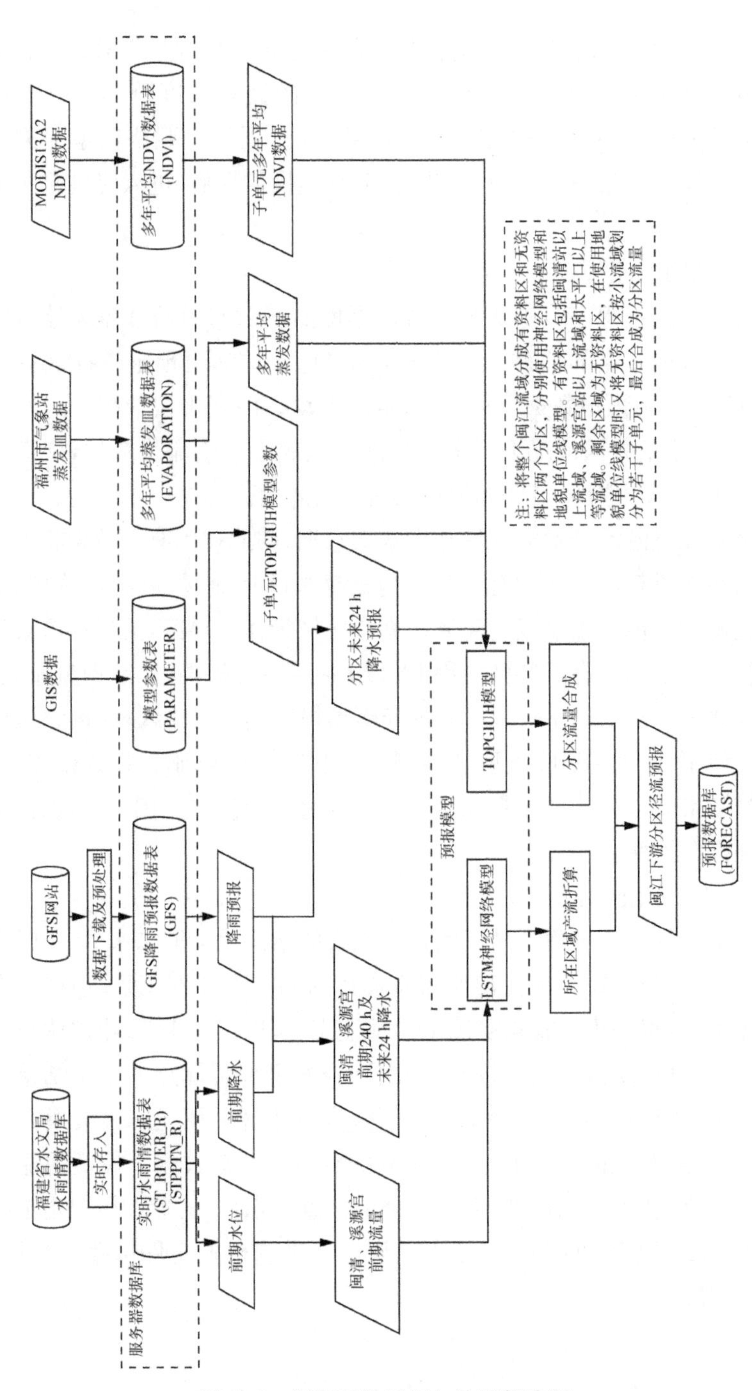

图 6-8　闽江下游区间入流预报流程

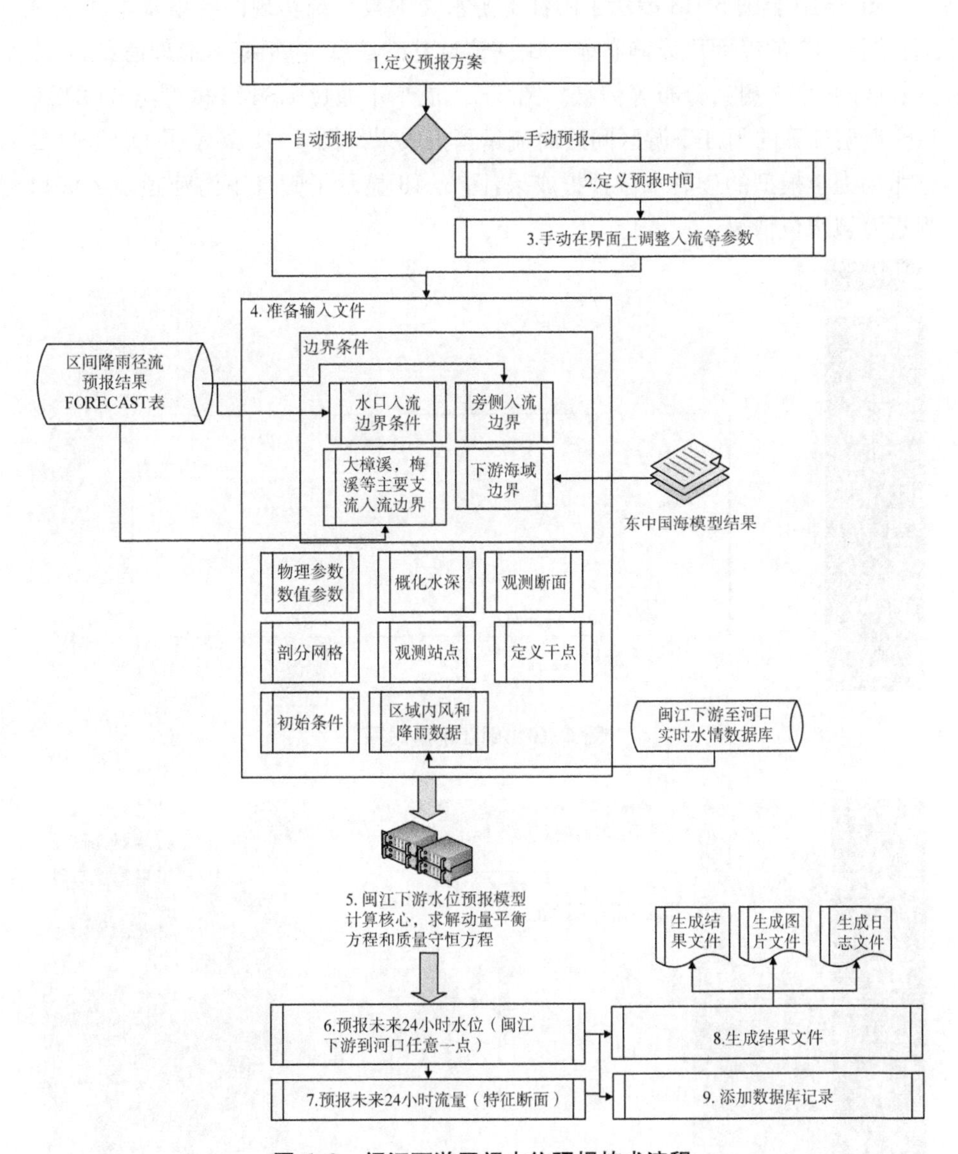

图 6-9　闽江下游区间水位预报技术流程

6.3.3 闽江下游水文预报系统界面简介

图 6-10 至图 6-13 展示了闽江下游水文预报系统实现的各项基本功能界面。图 6-10 的界面可以静态显示闽江流域基础信息，包括基本地理信息、入流计算区间、水文测站分布等信息。图 6-11 展示了通过 LSTM 模型与 TOPGI-UH 模型计算的闽江下游区间逐时流量预报成果。图 6-12 展示了 Delft3D 二维水动力学模型的逐时水位预报成果，图 6-13 显示了闽江下游河道及入海口附近海域水位情况。

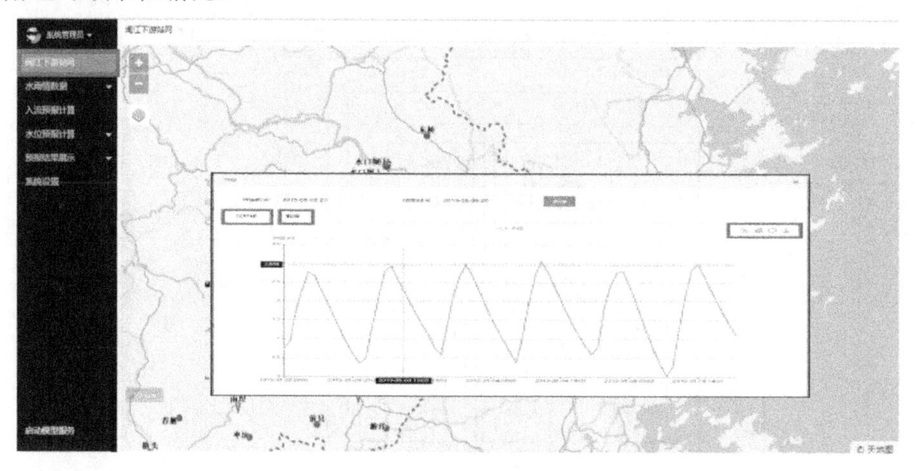

图 6-10　闽江下游站网

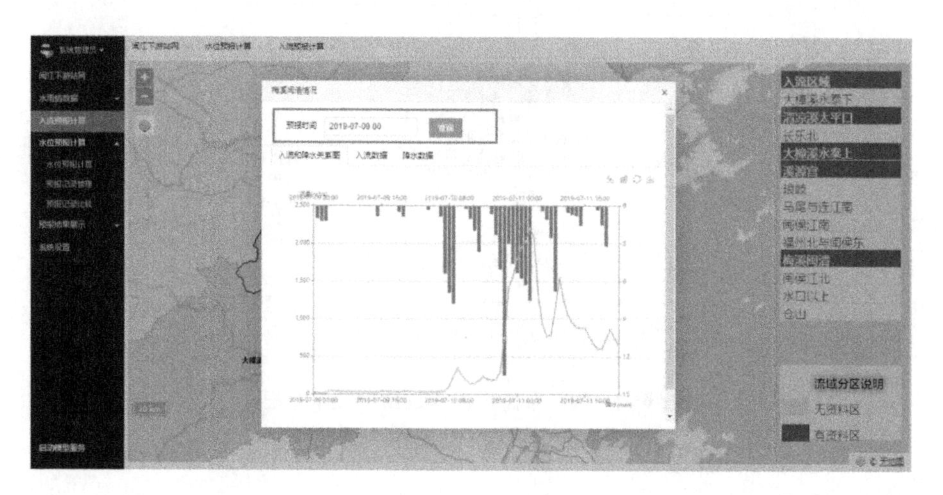

图 6-11　区间入流预报

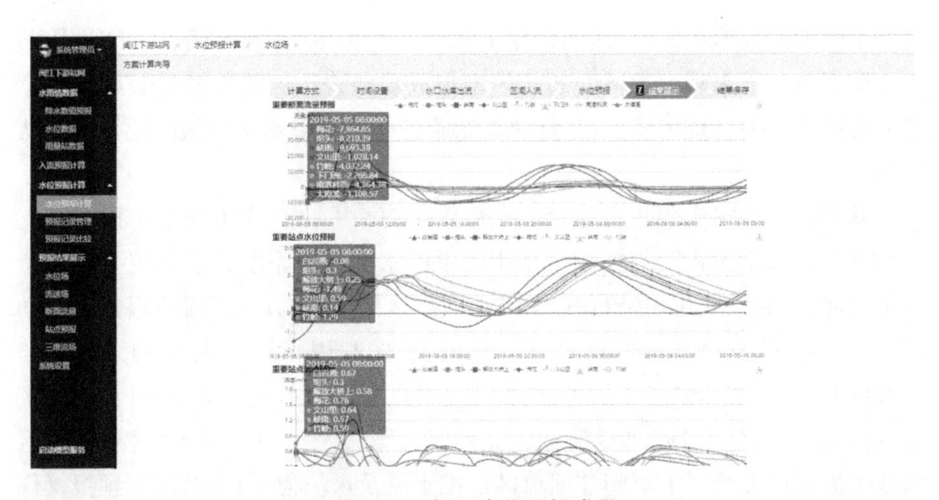

图 6-12　闽江水位预报成果

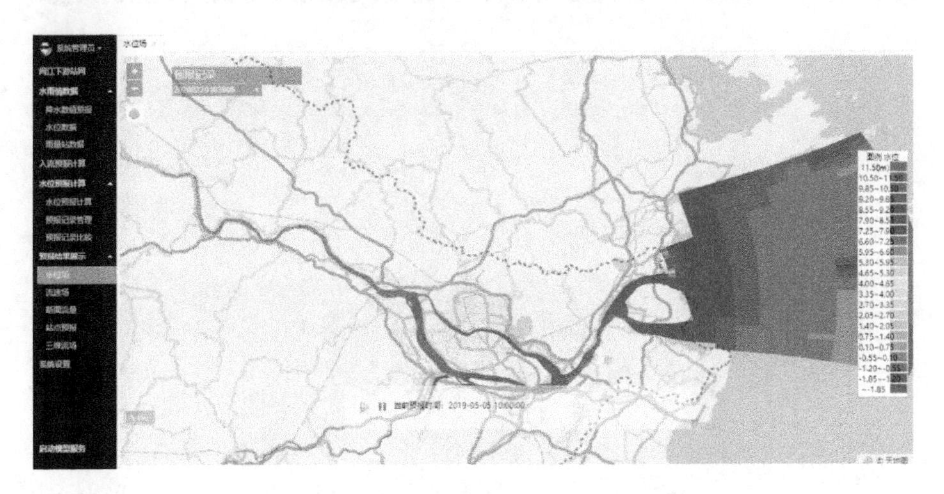

图 6-13　闽江下游河道及入海口附近海域水位

6.4　小结

本章根据实测水文资料情况，将闽江下游边侧流域分为有资料区域与无资料区域。针对有资料区，构建 LSTM 神经网络模型；针对无资料区，构建 TOPGIUH 模型；针对主河道构建二维水动力学模型。将边侧流域径流预报结果分配到水动力学模型的特定网格单元，引入水平大涡流模型来模拟由于旁侧入流带来的湍流动量，加上额外的近区模型处理支流汇入主流带来的额外动量以保证整个模型的数值稳定性，从而构建了基于 LSTM 神经网络模型、TOPGIUH 水文模型与二维水动力学模型的多模型集成预报方法。验证结果表明多模型集成预报方法是合理可靠的，为解决复杂条件下的河道水文预报问题提供了切实可行的方法。

基于多模型集成预报方法，以开源 WebGIS 开发工具和数据库技术为支撑，采用 B/S 综合体系结构，建立了闽江下游水文预报系统。系统主要实现了以下功能：①对系统用户进行管理；②将实时水雨情与 GFS 降雨预报数据自动同步导入系统，支持相应的信息查询和展示；③利用 LSTM 神经网络模型与 TOPGIUH 模型进行未来 72 小时水口大坝以下至闽江河口的区间入流量实时预报；④利用基于 Delft3D 模型建立的闽江下游及河口二维水位模型，进行闽江干流水口大坝以下至闽江河口区二维水流及水位模拟；⑤对历史预报操作结果进行管理；⑥提供下游全区域水文气象信息与预报结果的显示查询功能。

第七章

总结与展望

7.1 总结

本书以闽江下游流域为研究对象，研究了有资料区的神经网络模型预报方法、无资料区的水文模型预报方法与感潮河段的二维水动力学模型预报方法，集成三种模型建立了闽江下游与河口水位模拟与预报系统，为复杂流域的洪水预警预报工作提供理论依据与技术支撑。本书取得的成果主要包括如下。

(1) 采用水文过程变化指标，通过双累积曲线、Mann-Kendall 趋势检验和 Pettitt 突变检验方法对闽江下游的流量过程与泥沙变化进行分析，结果表明：由于闽江上游各梯级电站的修建，闽江下游年径流量并未发生显著变化，但枯季流量却显著增加；汛期洪峰流量变化不大，但汛期流量超过 90 百分位数的总日数显著减少。此外植被覆盖条件的持续改善使得降水对地表的侵蚀力下降，减少了水土流失量，闽江下游河道过度采砂等涉河活动严重，使得下游河道的泥沙冲淤长期失衡，导致闽江下游河道河床下切严重，深泓线高程呈整体下降趋势，使下游水文预报变得更加困难。

(2) 考虑降雨径流过程在不同阶段的响应机制差异，对降雨与流量分别采用设定阈值进行分类训练的模块化建模方法，使模型能更好地把握不同降雨阶段以及洪枯季节的流量过程动态特征。对模型训练多次建立预报集合后取集合平均值作为最终预报结果以避免模型训练中参数陷入局部最优解，对比了 BP 和 LSTM 神经网络模型在福建省渡里流域的降雨径流预报表现，LSTM 模型和 BP 模型在预见期为 1 小时时预报精度相当，BP 模型为 0.975，LSTM 模型为0.968。但随着预见期的延长，LSTM预报精度的衰减速度远远慢于BP模型，渡里流域BP模型24小时预见期的预报效率系数降至0.51，而LSTM模型为0.74。这表明相较于BP神经网络模型，LSTM神经网络模型的预报效果更好，在实际水文预报作业中具有更高的应用价值。

(3) 根据植被指数来计算截留，这样可以更加充分地考虑植被在不同季节对产流的时空分布影响。模型假设靠近河流的坡面最先产生地表径流，更加符合山坡径流产生的实际情况，基于地形指数来计算模型产流，将降水划分为地表径流、壤中流。通过运动波理论计算径流运移时间，并基于子流域计算地貌单位线进行流域汇流计算。地貌单位线模型共有11个基本参数，可以通过数字高程模型(DEM)与土壤质地参数计算确定模型参数。模型模拟结果对于用来率定的历史径流资料的依赖程度很低。在福建省闽江支流闽清流域进行了模拟应用，结果表明TOPGIUH模型可以较好地模拟闽江小流域的降雨径流过程。将闽清流域的参数结果应用到下垫面条件与其相似的渡里流域和太平口流域。根据水文情报预报规范，两个流域场次洪水预报平均确定性系数分别为0.82和0.80，达到了乙级标准；渡里流域的预报合格率为66.7%，太平口流域预报合格率为62.5%，达到了丙级标准。这表明TOPGIUH模型具有非常高的无资料或缺资料地区水文预报应用价值。

(4) 考虑闽江下游至河口复杂的河道地形，针对河床变化对下游水流运动的影响，在对长期观测地形图和水位资料分析的基础上，建立起从水口水库到闽江口近海海域的二维水动力学模型。进一步对河口水流运动特征、潮流界、潮区界以及南北港分流比做了分析，结果表明模型模拟的流场符合闽江河口潮汐特征，与过去相比，现在闽江河口的潮区界与潮流界均存在明显的上移现象，南北港分汊口分流比的模型模拟值和测量值比较吻合。这进一步说明二维水动力学模型能模拟闽江下游及河口地区的水流运动特征，可以用来进行闽江下游的水位/潮位预报。

(5) 根据实测水文资料情况，将闽江下游边侧流域分为有资料区域与无资料区域。有资料区采用LSTM神经网络模型，无资料区采用TOPGIUH模型，将边侧流域径流预报结果分配到对应主河道水动力学模型的特定网格单元，引入水平大涡流模型来模拟由于旁侧入流带来的湍流动量，加上额外的近区模型处理支流汇入主流带来的额外动量，以保证整个模型的数值稳定性，从而构建了基于LSTM神经网络模型、TOPGIUH模型与二维水动力学模型的多模型集成预报方法，验证结果表明多模型集成预报方法是合理可靠的。以开源 WebGIS 开发工具和数据库技术为支撑，采用 B/S 综合体系结构建立了基于网络的地理信息空间数据和属性数据表达，集数据管理、分析、可视化于一体的闽江下游水文预报系统。

7.2 创新点

(1) 明确气候变化和人类活动多因素影响下闽江下游水文情势的变化机理

基于水文过程变化指标、双累积曲线、Mann-Kendall 趋势检验和 Pettitt 突变检验方法对闽江下游流量过程、泥沙变化、河床地形演变及水位变化进行综合分析，考虑降水过程、植被变化、水利工程建设、河道采砂活动等对水文过程的影响，通过归因分析明确了受水利工程建设、植被覆盖条件的持续改善的影响，闽江下游的泥沙逐年减少。

(2) 提出了分布式地貌单位线模型 TOPGIUH，该模型对模型参数率定工作的依赖程度很低，在无/缺资料流域获得很好的应用

以 TOPMODEL 分布式水文模型与地貌瞬时单位线理论为基础，根据植被指数考虑植被在不同季节对产流的时空分布影响来计算截留，基于地形指数分别计算子流域产流，将产流划分为地表径流与壤中流，采用运动波理论计算每个子流域中坡面径流与河道径流的运移时间，进而计算各子流域产流及流域出口断面的汇流地貌单位线，构建了分布式地貌单位线模型 TOPGIUH。相较于一般的分布式水文模型，TOPGIUH 根据 DEM、土壤数据计算来获取模型参数，极大降低了模型模拟效果对模型参数率定工作的依赖程度，在无资料或缺资料流域具有很好的应用效果。

(3) 基于 LSTM 神经网络模型、TOPGIUH 模型和 Delft3D 二维水动力模型构建了多模型集成预报方法，对水文情势复杂地区的洪水预警预报工作有着重要价值

根据实测水文资料情况将闽江下游边侧流域分为有资料区域与无资料区域。在有资料区构建 LSTM 神经网络模型，在无资料区构建 TOPGIUH 模型，考虑不同模型的时空尺度差异，将边侧流域径流预报作为水动力学模型的边界入流，并采用全球预报系统(GFS)的降雨预报数据、全球风暴潮预报与信息系统(GLOSSIS)的潮位预报数据作为模型输入构建了多模型集成预报方法，对水文情势复杂地区的洪水预警预报工作有着重要价值。

7.3 展望

(1) 在神经网络模型的研究中，本书采用的 BP 神经网络与 LSTM 神经网络虽然在水文领域中都有着广泛的应用，但是随着神经网络技术的发展，新的神经网络方法或者其他机器学习算法在解决水文预报问题或者其他方面的水文问题中的表现如何，是一个值得深入研究与讨论的问题。同时对于如何充分地利用神经网络的特性来解决水文预报中的问题，本研究仅仅采用将数据分类与集合平均的方法来进行预报，在后续的研究中，对数据进行更为科学有效的分类、采用更复杂且合理的集合预报形式以及其他科学方法来提高神经网络方法在水文预报中的应用效果都是值得深入探索的方向。

(2) 本书构建的 TOPGIUH 模型对于水文循环过程的考虑并不全面。在以后的研究中，在不同地理、气候条件下验证 TOPGIUH 模型的适用性，并根据出现的问题做进一步的改进与完善，使模型能够适应在不同气候环境下水文应用需求；也可以尝试将人类活动考虑进来(如水库、农业灌溉、其他用水活动等)，建立更加完整的水文模型系统，以扩大模型的应用范围；而随着对流域水文过程研究不断深入，应用更加科学合理的产汇流理论以及其他相关气象水文理论来构建降雨径流模型，可以为解决水文生产工作中的实际问题提供更好的理论依据与技术支持。

(3) 本书中二维水动力学模型的研究重点是闽江下游的水位变化，除此之外对感潮河段的流量过程做进一步的分析与讨论，可以提高对于感潮河段的认知；此外外海风暴潮和台风对潮流界、潮区界以及咸水上溯的影响在本书中没有讨论，这对于感潮河段的防洪预警工作也有着重要的意义。二维水动力学模型构建需要有大量的实测资料作为率定和验证的依据，在数据的监测技术和手段方面不断改进的前提下，提高观测数据的质量可以使建立的模型更可靠，而定期更新地形数据也可以更好开展水动力学模型模拟研究工作。

参考文献

[1] 芮孝芳. 水文学原理[M]. 北京:高等教育出版社，2013.

[2] 陈仁升，康尔泗，杨建平，等. 水文模型研究综述[J]. 中国沙漠，2003，23(3)：221-229.

[3] ADAMS T E，PAGANO T C. Flood forecasting：a global perspective[M]//Flood Forecasting：A Global Perspective. Boston：Academic Press，2016.

[4] WETTERHALL F，GIUSEPPE F D. The benefit of seamless forecasts for hydrological predictions over Europe[J]. Hydrology and Earth System Sciences，2017，22(6)：3409-3420.

[5] 王文，马骏. 若干水文预报方法综述[J]. 水利水电科技进展，2005，25(1)：56-60.

[6] ANDERSON C H，BURT P J，VAN DER WAL G S. Change detection and tracking using pyramid transform techniques[C]//Proceedings of SPIE-The International Society for Optical Engineering，1985.

[7] ABBOTT M B，REFSGAARD J C. Distributed hydrological modelling[M]. The Hague:Kluwer Academic Publishers，1996.

[8] CHARIZOPOULOS N，PSILOVIKOS A. Hydrologic processes simulation using the conceptual model Zygos：the example of Xynias drained Lake catchment（central Greece）[J]. Environmental Earth Sciences，2016，75(9)：777.

[9] 包为民. 水文预报(第 5 版)[M]. 北京:中国水利水电出版社，2017.

[10] WUEBBLES D J，CIURO D. Radiatively important atmospheric constituents[M]//Engineering Response to Climate Change，2nd Edition，CRC Press，2013.

[11] 王船海，梁金焰，林金裕，等. 闽江口河网二维潮流数学模型[J]. 台湾海峡，2002，21(4)：389-399.

[12] 陈兴伟，刘梅冰. 闽江下游感潮河道枯水动力特性变化分析[J]. 水道港口，2008，29(1)：39-43.

[13] 傅赐福，董剑希，刘秋兴，等. 闽江感潮河段潮汐-洪水相互作用数值模拟[J]. 海洋学报(中文版)，2015，37(7)：15-21.

[14] 王世场，程永隆，戴枫勇. 闽江下游河床演变咸潮影响数值模拟[J]. 水利科技，2010(4)：33-35.

[15] ZHU Y，WANG W，LIU Y，et al. Runoff changes and their potential links with climate variability and anthropogenic activities：a case study in the upper Huaihe River Basin，China[J]. Hydrology Research，2015，46(6)：1019-1036.

[16] ROUDIER P，DUCHARNE A，FEYEN L. Climate change impacts on runoff in West Africa：a review[J]. Hydrology and Earth System Sciences，2014，18(7)：2789-2801.

[17] GLEICK P H. Climate change，hydrology，and water resources[J]. Reviews of Geophysics，1989，27(3)：329-344.

[18] ARNELL N W. Climate change and global water resources：SRES emissions and socio-economic scenarios [J]. Global Environmental Change-human and Policy Dimensions，2004，14(1)：31-52.

[19] CHIEW F H S，MCMAHON T A. Modelling the impacts of climate change on Australian streamflow[J]. Hydrological Processes，2002，16(6)：1235-1245.

[20] WILBY R L，WIGLEY T M L. Downscaling general circulation model output：a review of methods and limitations[J]. Progress in Physical Geography，1997，21(4)：530-548.

[21] GOSAIN A K，RAO S，BASURAY D. Climate change impact assessment on hydrology of Indian river basins[J]. Current Science，2006，90(3)：346-353.

[22] CHRISTENSEN N S，WOOD A W，VOISIN N，et al. The effects of climate change on the hydrology and water resources of the colorado river basin[J]. Climatic Change，2004，62(1-3)：337-363.

[23] ELSNER M M，CUO L，VOISIN N，et al. Implications of 21st century climate change for the hydrology of Washington State[J]. Climatic

Change，2010，102(1-2)：225-260.

[24]《第三次气候变化国家评估报告》编写委员会. 第三次气候变化国家评估报告[R]. 北京，2015.

[25] 张利平，陈小凤，赵志鹏，等. 气候变化对水文水资源影响的研究进展[J]. 地理科学进展，2008，27(3)：60-67.

[26] 夏军，刘春蓁，任国玉. 气候变化对我国水资源影响研究面临的机遇与挑战[J]. 地球科学进展，2011，26(1)：1-12.

[27] 宋晓猛，张建云，占车生，等. 气候变化和人类活动对水文循环影响研究进展[J]. 水利学报，2013，44(7)：779-790.

[28] 陈亚宁，李稚，范煜婷，等. 西北干旱区气候变化对水文水资源影响研究进展[J]. 地理学报，2014，69(9)：1295-1304.

[29] 袁飞，谢正辉，任立良，等. 气候变化对海河流域水文特性的影响[J]. 水利学报，2005，36(3)：274-279.

[30] 蔡晓禾. 福建省1961—2006年气候变化特征[D]. 福州：福建师范大学，2008.

[31] 栾兆擎，邓伟. 三江平原人类活动的水文效应[J]. 水土保持通报，2003，23(5)：11-14.

[32] BUYTAERT W，CÉLLERI R，DE BIÈVRE B，et al. Human impact on the hydrology of the Andean páramos[J]. Earth-Science Reviews，2006，79(1-2)：53-72.

[33] WANG W，WANG X，ZHOU X. Impacts of Californian dams on flow regime and maximum/minimum flow probability distribution[J]. Hydrology Research，2011，42(4)：275-289.

[34] MAGILLIGAN F J，NISLOW K H. Changes in hydrologic regime by dams[J]. Geomorphology，2005，71(1-2)：61-78.

[35] 乔红杰，张志林，朱巧云，等. 三峡水库蓄水前后大通水文站水沙特性变化[J]. 水电能源科学，2014，32(9)：24-27+18.

[36] 耿旭，毛继新，陈绪坚. 三峡水库下游河道冲刷粗化研究[J]. 泥沙研究，2017，42(5)：19-24.

[37] 李义天，孙昭华，邓金运. 论三峡水库下游的河床冲淤变化[J]. 应用基础与工程科学学报，2003，11(3)：283-295.

[38] 陈吉余，徐海根. 三峡工程对长江河口的影响[J]. 长江流域资源与环境，

1995(3): 242-246.

[39] 李峰，谢永宏，陈心胜，等. 三峡工程运行对洞庭湖湿地植被格局的影响及调控机制[J]. 农业现代化研究，2018，39(6): 937-944.

[40] 张建云，何惠. 应用地理信息进行无资料地区流域水文模拟研究[J]. 水科学进展，1998，9(4): 34-39.

[41] 姚成，邱桢毅，李致家，等. API模型和新安江模型的参数区域化研究与应用[J]. 河海大学学报(自然科学版)，2019，47(3): 189-194.

[42] MISHRA S, SARAVANAN C, DWIVEDI V K. Study of time series data mining for the real time hydrological forecasting: a review[J]. International Journal of Computer Applications, 2015, 117(23): 6-17.

[43] MOHAMMADI K, ESLAMI H R, KAHAWITA R. Parameter estimation of an ARMA model for river flow forecasting using goal programming[J]. Journal of Hydrology, 2006, 331(1-2): 293-299.

[44] MISHRA S, DWIVEDI V K, SARAVANAN C, et al. Pattern discovery in hydrological time series data mining during the monsoon period of the high flood years in Brahmaputra River Basin[J]. International Journal of Computer Applications, 2013, 67(6): 7-14.

[45] ABBASI M, ABDULI M A, OMIDVAR B, et al. Forecasting municipal solid waste generation by hybrid support vector machine and partial least square model[J]. International Journal of Environmental Research, 2013, 7(1): 27-38.

[46] ABHISHEK K, KUMAR A, RANJAN R, et al. A rainfall prediction model using artificial neural network[C]//2012 IEEE Control and System Graduate Research Colloquium, 2012: 82-87.

[47] RUMELHART D E, HINTON G E, WILLIAMS R J. Learning representations by back-propagating errors[J]. Nature, 1986, 323(6088): 533-536.

[48] KARUNANITHI N, GRENNEY W J, WHITLEY D, et al. Neural networks for river flow prediction[J]. Journal of Computing in Civil Engineering, 1994, 8(2): 201-220.

[49] 李荣，李义天. 基于神经网络理论的河道水情预报模型[J]. 水动力学研究与进展(A辑)，2002，19(2): 238-244.

[50] 蔡煜东,姚林声. 径流长期预报的人工神经网络方法[J]. 水科学进展，1995，6(1)：61-65.

[51] 许永功，李书琴，裴金萍. 径流中长期预报的人工神经网络模型的建立与应用[J]. 干旱地区农业研究，2001(3)：104-108.

[52] 刘国东，丁晶. BP 网络用于水文预测的几个问题探讨[J]. 水利学报，1999(1)：65-70.

[53] ELMAN J L. Finding structure in time[J]. Cognitive Science，1990，14(2)：179-211.

[54] 杨祎玥，伏潜，万定生. 基于深度循环神经网络的时间序列预测模型[J]. 计算机技术与发展，2017，27(3)：35-38+43.

[55] CARRIERE P，MOHAGHEGH S，GASKARI R. Performance of a virtual runoff hydrograph system[J]. Journal of Water Resources Planning and Management，1996，122(6)：421-427.

[56] CARCANO E C，BARTOLINI P，MUSELLI M. Recurrent neural networks in rainfall-runoff modeling at daily scale[M]//Understanding Complex Systems,Berlin：Springer，2006.

[57] CHEN P，CHANG L，CHANG F. Reinforced recurrent neural networks for multi-step-ahead flood forecasts[J]. Journal of Hydrology，2013，497(8)：71-79.

[58] BENGIO Y，SIMARD P Y，FRASCONI P. Learning long-term dependencies with gradient descent is difficult[J]. IEEE Transactions on Neural Networks，1994，5(2)：157-166.

[59] HOCHREITER S，SCHMIDHUBER J. Long short-term memory[J]. Neural Computation，1997，9(8)：1735-1780.

[60] SHI X，CHEN Z，WANG H，et al. Convolutional LSTM Network：a machine learning approach for precipitation nowcasting[C]//Advances in Neural information processing systems，2015：802-810.

[61] 冯钧，潘飞. 一种 LSTM-BP 多模型组合水文预报方法[J]. 计算机与现代化，2018(7)：82-85+92.

[62] TIAN Y，XU Y，YANG Z，et al. Integration of a parsimonious hydrological model with recurrent neural networks for improved streamflow forecasting[J]. Water，2018，10(11)：1655.

[63] KRATZERT F, KLOTZ D, BRENNER C, et al. Rainfall-Runoff modelling using Long Short-Term Memory (LSTM) networks[J]. Hydrology and Earth System Sciences, 2018, 22(11): 6005-6022.

[64] LE X, HO H V, LEE G, et al. Application of Long Short-Term Memory (LSTM) neural network for flood forecasting[J]. Water, 2019, 11(7): 1387.

[65] SAHOO B B, JHA R, SINGH A, et al. Long short-term memory (LSTM) recurrent neural network for low-flow hydrological time series forecasting[J]. Acta Geophysica, 2019, 67(5): 1471-1481.

[66] 殷兆凯，廖卫红，王若佳，等. 基于长短时记忆神经网络(LSTM)的降雨径流模拟及预报[J]. 南水北调与水利科技，2019，17(6)：1-9+27.

[67] 金鑫，郝振纯，张金良. 水文模型研究进展及发展方向[J]. 水土保持研究，2006(4)：197-199+202.

[68] LINSLEY R K, CRAWFORD N H. Computation of a synthetic streamflow record on a digital computer[J]. International Association of Scientific Hydrology, 1960, 51: 526-538.

[69] FINNERTY B D, SMITH M B, SEO D-J, et al. Space-time scale sensitivity of the sacramento model to radar-gage precipitation inputs[J]. Journal of Hydrology, 1997, 203(1-4): 21-38.

[70] LEE Y H, SINGH V P. Tank model for sediment yield[J]. Water Resources Management, 2005, 19(4): 349-362.

[71] SINGH VP. Computer models of watershed hydrology[M]. Highlands Ranch, Colorado: Water Resources Publications, 1997: 443-476.

[72] 赵人俊. 流域水文模拟：新安江模型与陕北模型[M]. 北京：水利电力出版社，1984.

[73] 雒文生，胡春歧，韩家田. 超渗和蓄满同时作用的产流模型研究[J]. 水土保持学报，1992(4)：6-13.

[74] 包为民，王从良. 垂向混合产流模型及应用[J]. 水文，1997(3)：19-22.

[75] FREEZE R A, HARLAN R L. Blueprint for a physically-based, digitally-simulated hydrologic response model [J]. Journal of Hydrology, 1969, 9(3): 237-258.

[76] 徐宗学，程磊. 分布式水文模型研究与应用进展[J]. 水利学报，2010，

41(9)：1009-1017.

[77] BEVEN K J，KIRKBY M J. A physically based，variable contributing area model of basin hydrology[J]. Hydrological Seiences Bulletin，1979，24(1)：43-69.

[78] ARNOLD J G，FOHRER N. SWAT2000：current capabilities and research opportunities in applied watershed modelling[J]. Hydrological Processes，2005，19(3)：563-572.

[79] DILE Y T，DAGGUPATI P，GEORGE C，et al. Introducing a new open source GIS user interface for the SWAT model[J]. Environmental Modelling and Software，2016，85：129-138.

[80] WU J，YEN H，ARNOLD J G，et al. Development of reservoir operation functions in SWAT＋ for national environmental assessments[J]. Journal of Hydrology，2020，583：124556.

[81] LIANG X，LETTENMAIER D P，WOOD E F，et al. A simple hydrologically based model of land surface water and energy fluxes for general circulation models[J]. Journal of Geophysical Research，1994，99(D7)：14415-14428.

[82] HAMMAN J J，NIJSSEN B，BOHN T J，et al. The variable infiltration capacity model version 5 (VIC-5)：infrastructure improvements for new applications and reproducibility[J]. Geoscientific Model Development，2018，11(8)：3481-3496.

[83] LINDSTROM G，JOHANSSON B，PERSSON M，et al. Development and test of the distributed HBV-96 hydrological model[J]. Journal of Hydrology，1997，201：272-288.

[84] SCHELLEKENS J，VERSEVELD W，VISSER M，et al. Openstreams/wflow：Bug fixes and updates for release 2020. 1. 2[DB/OL]. (2020-01-20)[2020-03-06]. https://doi. org/10. 5281/zenodo. 593510.

[85] 沈晓东，王腊春，谢顺平. 基于栅格数据的流域降雨径流模型[J]. 地理学报，1995，50(3)：264-271.

[86] 郭生练，熊立华，杨井，等. 基于DEM的分布式流域水文物理模型[J]. 武汉水利电力大学学报，2000，33(6)：1-5.

[87] 袁飞. 考虑植被影响的水文过程模拟研究[D]. 南京：河海大学，2006.

[88] 陈洋波，任启伟，徐会军，等. 流溪河模型Ⅰ:原理与方法[J]. 中山大学学报(自然科学版)，2010，49(1)：107-112.
[89] 雷晓辉，廖卫红，蒋云钟，等. 分布式水文模型 EasyDHM(Ⅰ):理论方法[J]. 水利学报，2010，41(7)：786-794.
[90] SIVAPALAN M. Process complexity at hillslope scale, process simplicity at the watershed scale: is there a connection? [J]. Hydrological Processes, 2003, 17(5): 1037-1041.
[91] SIVAPALAN M, TAKEUCHI K, FRANKS S W, et al. IAHS decade on predictions in ungauged basins (PUB), 2003—2012: Shaping an exciting future for the hydrological sciences[J]. Hydrological Sciences Journal-journal Des Sciences Hydrologiques, 2003, 48(6): 857-880.
[92] HRACHOWITZ M, SAVENIJE H H G, BLOSCHL G, et al. A decade of predictions in Ungauged Basins (PUB) - a review[J]. Hydrological Sciences Journal-journal Des Sciences Hydrologiques, 2013, 58(6): 1198-1255.
[93] 童杨斌. 无资料地区洪水计算与不确定性研究[D]. 杭州:浙江大学，2008.
[94] MERZ R, BLÖSCHL G. Regionalisation of catchment model parameters[J]. Journal of Hydrology, 2004, 287(1-4): 95-123.
[95] OUDIN L, ANDRÉASSIAN V, PERRIN C, et al. Spatial proximity, physical similarity, regression and ungaged catchments: A comparison of regionalization approaches based on 913 French catchments[J]. Water Resources Research, 2008, 44(3).
[96] KAY A L, JONES D A, CROOKS S M, et al. A comparison of three approaches to spatial generalization of rainfall-runoff models[J]. Hydrological Processes, 2006, 20(18): 3953-3973.
[97] WAGENER T. Can we model the hydrological impacts of environmental change? [J]. Hydrological Processes, 2007, 21(23): 3233-3236.
[98] GUPTA H V, WAGENER T, LIU Y. Reconciling theory with observations: Elements of a diagnostic approach to model evaluation[J]. Hydrological Processes, 2008, 22(18): 3802-3813.
[99] KUCZERA G. Improved parameter inference in catchment models: 1.

Evaluating parameter uncertainty[J]. Water Resources Research, 1983, 19(5): 1151-1162.

[100] ABDULLA F A, LETTENMAIER D P. Development of regional parameter estimation equations for a macroscale hydrologic model[J]. Journal of Hydrology, 1997, 197(1-4): 230-257.

[101] WAGENER T, SIVAPALAN M, TROCH P, et al. Catchment classification and hydrologic similarity[J]. Geography Compass, 2007, 1(4): 901-931.

[102] KIRCHNER J W. Getting the right answers for the right reasons: Linking measurements, analyses, and models to advance the science of hydrology[J]. Water Resources Research, 2006, 42(3).

[103] NASH J E. The form of the instantaneous unit hydrograph[M]. International Association of Hydrological Sciences General Assembly, Toronto,1957.

[104] DOOGE J C I. A general theory of the unit hydrograph[J]. Journal of Geophysical Research, 1959, 64(2): 241-256.

[105] WOODING R A. A hydraulic model for the catchment-stream problem: I. Kinematic-wave theory[J]. Journal of Hydrology, 1965, 3(3-4): 254-267.

[106] RODRIGUEZ-ITURBE I, VALDES J B. The geomorphologic structure of hydrologic response[J]. Water Resources Research, 1979, 15(6): 1409-1420.

[107] GUPTA V K, WAYMIRE E, WANG C T. A representation of an instantaneous unit hydrograph from geomorphology[J]. Water Resources Research, 1980, 16(5): 855-862.

[108] RODRIGUEZ-ITURBE I, GONZALEZ-SANABRIA M, BRAS R L. A geomorphoclimatic theory of the instantaneous unit hydrograph[J]. Water Resources Research, 1982, 18(4): 877-886.

[109] RODRIGUEZ-ITURBE I, GONZALEZ-SANABIRA M, CAAMANO G. On the climatic dependence of the IUH: A rainfall-runoff analysis of the Nash Model and the geomorphoclimatic theory[J]. Water Resources Research, 1982, 18(4): 887-903.

[110] SORMAN A U. Estimation of peak discharge using GIUH model in

saudi arabia[J]. Journal of Water Resources Planning and Management, 1995, 121(4): 287-293.
[111] Al-TURBAK A S. Geomorphoclimatic peak discharge model with a physically based infiltration component[J]. Journal of Hydrology, 1996, 176(1-4): 1-12.
[112] LEE K T, YEN B C. Geomorphology and kinematic-wave-based hydrograph derivation[J]. Journal of Hydraulic Engineering, 1997, 123(1): 73-80.
[113] LEE K T, CHANG C. Incorporating subsurface-flow mechanism into geomorphology-based IUH modeling[J]. Journal of Hydrology, 2005, 311(1-4): 91-105.
[114] SABZEVARI T, FATTAHI M H, MOHAMMADPOUR R, et al. Prediction of surface and subsurface flow in catchments using the GIUH[J]. Journal of Flood Risk Management, 2013, 6(2): 135-145.
[115] ZHANG B, GOVINDARAJU R S. Geomorphology-based artificial neural networks (GANNs) for estimation of direct runoff over watersheds[J]. Journal of Hydrology, 2003, 273(1-4): 18-34.
[116] 石朋，芮孝芳，瞿思敏. 由DEM确定Nash汇流模型的参数[J]. 河海大学学报(自然科学版)，2003，31(4)：378-381.
[117] 芮孝芳. 地貌学与最优化原理相结合的途径在确定Nash模型参数中的应用[J]. 水利学报，1996(3)：70-75+50.
[118] 芮孝芳. 由流路长度分布律和坡度分布律确定地貌单位线[J]. 水科学进展，2003，14(5)：602-606.
[119] 董爱红. 区间洪水预报方法的探讨[J]. 水利科技，2001(3)：1-2.
[120] 孔凡哲，芮孝芳，李燕. 基于空间分布流速场的单位线推求及应用[J]. 河海大学学报(自然科学版)，2006，34(5)：485-488.
[121] 宋小军. 地貌单位线在安泽县小流域洪水预报中的应用[J]. 山西水利，2012(7)：14-15.
[122] 童冰星，李致家，温娅惠，等. 基于地貌单位线的汇流模型在陈河流域的构建与应用[J]. 水力发电，2017，43(10)：19-22.
[123] 董丰成，石朋，纪小敏，等. 基于地形地貌参数确定地貌单位线中的平均流速[J]. 中国农村水利水电，2019(12)：43-47+51.

[124] BELLOS V，TSAKIRIS G. A hybrid method for flood simulation in small catchments combining hydrodynamic and hydrological techniques [J]. Journal of Hydrology，2016，540：331-339.

[125] PUTNAM H J. Unsteady flow in open channels[J]. Eos，Transactions American Geophysical Union，1948，29(2)：227-232.

[126] HORRITT M S，BATES P D. Evaluation of 1D and 2D numerical models for predicting river flood inundation[J]. Journal of Hydrology，2002，268(1-4)：87-99.

[127] HOUSER C. Alongshore variation in the morphology of coastal dunes：Implications for storm response[J]. Geomorphology，2013，199：48-61.

[128] WU G，XU Z. Prediction of algal blooming using EFDC model：Case study in the Daoxiang Lake[J]. Ecological Modelling，2011，222(6)：1245-1252.

[129] LESSER G R，ROELVINK J A，VAN KESTER J A T M，et al. Development and validation of a three-dimensional morphological model [J]. Coastal Engineering，2004，51(8-9)：883-915.

[130] FRIEDRICHS C T，AUBREY D G. Non-linear tidal distortion in shallow well-mixed estuaries：a synthesis[J]. Estuarine，Coastal and Shelf Science，1988，27(5)：521-545.

[131] FRIEDRICHS C T，AUBREY D G. Tidal propagation in strongly convergent channels[J]. Journal of Geophysical Research：Oceans，1994，99：3321-3336.

[132] 李林娟，童朝锋. 基于Delft3D-flow模型的长江口盐度扩散规律模拟[J]. 人民长江，2016，47(23)：107-111.

[133] 郭晓亮. 感潮河段潮位与洪水预报及上游水库控制模式研究[D]. 大连：大连理工大学，2009.

[134] 张小琴，包为民. 感潮河段水位预报方法浅析[J]. 水电能源科学，2009，27(3)：8-10.

[135] 芮孝芳，姜广斌，程海云. 考虑回水顶托影响的水位预报研究[J]. 水科学进展，1998，9(2)：19-24.

[136] 李国芳，王伟杰，谭亚，等. 长江河口段潮位预报及实时校正模型[J].

水电能源科学，2009，27(2)：49-51+129.
[137] 闻余华，司存友，罗利雅. 多元回归方法在长江南京站潮位预报中的应用[J]. 江苏水利，2012(4)：28-29.
[138] 都宏博. 感潮河段水位统计预报方法研究[D]. 南京:河海大学，2007.
[139] 黄国如，胡和平，田富强. 用径向基函数神经网络模型预报感潮河段洪水位[J]. 水科学进展，2003，14(2)：158-162.
[140] 刘艳伟. 支持向量机方法在感潮河段洪峰水位预报中的应用[D]. 杭州：浙江大学，2010.
[141] MEENA B L，AGRAWAL J D. Tidal level forecasting using ANN[J]. Procedia Engineering，2015，116：607-614.
[142] 中国海湾志编纂委员会. 中国海湾志(第八分册)[M]. 北京:海洋出版社，1993.
[143] RICHTER B D，BAUMGARTNER J V，POWELL J，et al. A method for assessing hydrologic alteration within ecosystems[J]. Conservation Biology，1996，10(4)：1163-1174.
[144] GAO P，LI P，ZHAO B，et al. Use of double mass curves in hydrologic benefit evaluations[J]. Hydrological Processes，2017，31(26)：4639-4646.
[145] MANN H B. Nonparametric tests against trend[J]. Econometrica，1945,13(3):245-259.
[146] KENDALL M G，GIBBONS J D. Rank correlation methods[M]. Oxford:Oxford University Press，1990.
[147] HIRSCH R M，SLACK J R，SMITH R A. Techniques of trend analysis for monthly water quality data[J]. Water Resources Research，1982，18(1)：107-121.
[148] PETTITT A N. A non-parametric approach to the change-point problem[J]. Journal of The Royal Statistical Society Series C-applied Statistics，1979，28(2)：126-135.
[149] 余国安，王兆印，杨吉山，等. 来沙条件对山区河流推移质输沙的影响[J]. 清华大学学报(自然科学版)，2009，49(3)：341-345.
[150] 许全喜，童辉. 近 50 年来长江水沙变化规律研究[J]. 水文，2012，32(5)：38-47+76.

[151] MASON P J. The relevance of ICOLD to BDS[J]. Dams and Reservoirs，2009，19(4)：153-154.

[152] KONDOLF G M. PROFILE：Hungry water：effects of dams and gravel mining on river channels[J]. Environmental Management，1997，21(4)：533-551.

[153] 陈馨，王姝，郑炜. 三峡水利枢纽运行对长江中游河道的影响[J]. 甘肃水利水电技术，2019，55(9)：4-6.

[154] WISCHMEIER W H. A rainfall erosion index for a universal soil-loss equation1[J]. Soil Science Society of America Journal，1959，23(3)：246-249.

[155] 谢云，刘宝元，章文波. 侵蚀性降雨标准研究[J]. 水土保持学报，2000，14(4)：6-11.

[156] 黄路平，毛政元，傅水龙，等. 福建省长汀县降雨侵蚀力及其与水土流失的关系研究[J]. 自然灾害学报，2015，24(5)：103-111.

[157] ROSENBLATT F. Principles of neurodynamics：Perceptrons and the theory of brain mechanisms[M]. Washington D. C：S partan Books，1962.

[158] MCCULLOCH W S，PITTS W. A logical calculus of the ideas immanent in nervous activity[J]. Bulletin of Mathematical Biology，1990，52(1-2)：99-115.

[159] LECUN Y，BENGIO Y，HINTON G. Deep learning[J]. Nature，2015，521(7553)：436-444.

[160] 中华人民共和国国家质量监督检验检疫总局，中国国家标准化管理委员会. 水文情报预报规范：GB/T 22482—2008[S]. 北京：中国标准出版社，2008.

[161] HORNIK K，STINCHCOMBE M，WHITE H. Multilayer feedforward networks are universal approximators[J]. Neural Networks，1989，2(5)：359-366.

[162] DE VILLIERS J，BARNARD E. Backpropagation neural nets with one and two hidden layers[J]. IEEE Transactions on Neural Networks，1993，4(1)：136-141.

[163] RAJURKAR M P，KOTHYARI U C，CHAUBE U C. Modeling of the daily rainfall-runoff relationship with artificial neural network[J].

Journal of Hydrology，2004，285(1-4)：96-113.

[164] WANG W，VAN GELDER P H，VRIJLING J K，et al. Forecasting daily streamflow using hybrid ANN models[J]. Journal of Hydrology，2006，324(1-4)：383-399.

[165] SHAH H，GHAZALI R，NAWI N M，et al. Global hybrid ant bee colony algorithm for training artificial neural networks[C]//International conference on computational science and its applications，2012：87-100.

[166] BEVEN K. TOPMODEL：A critique[J]. Hydrological Processes，1997，11(9)：1069-1085.

[167] DUNKERLEY D L，BOOTH T L. Plant canopy interception of rainfall and its significance in a banded landscape，arid western New South Wales，Australia[J]. Water Resources Research，1999，35(5)：1581-1586.

[168] SAHIN V，HALL M J. The effects of afforestation and deforestation on water yields[J]. Journal of Hydrology，1996，178(1-4)：293-309.

[169] BESCHTA R L，PYLES M R，SKAUGSET A E，et al. Peakflow responses to forest practices in the western cascades of Oregon，USA[J]. Journal of Hydrology，2000，233(1-4)：102-120.

[170] LANE P N J，BEST A E，HICKEL K，et al. The response of flow duration curves to afforestation[J]. Journal of Hydrology，2005，310(1-4)：253-265.

[171] SAVENIJE H H G. The importance of interception and why we should delete the term evapotranspiration from our vocabulary[J]. Hydrological Processes，2004，18(8)：1507-1511.

[172] SULIGA J，CHORMANSKI J，SZPORAK-WASILEWSKA S，et al. Derivation from the Landsat 7 NDVI and ground truth validation of LAI and interception storage capacity for Wetland Ecosystems in Biebrza Valley，Poland[C]//SPIE 2015，Toulouse，2015.

[173] DE JONG S M，JETTEN V G. Estimating spatial patterns of rainfall interception from remotely sensed vegetation indices and spectral mixture analysis[J]. International Journal of Geographical Information

Science, 2007, 21(5): 529-545.
[174] ALLEN R, PEREIRA L, RAES D, et al. Crop Evapotranspiration: Guidelines for computing crop water requirements-FAO irrigation and dracinage paper 56[M]. Rome: Food and Agriculture Organization of the United Mations, 1998.
[175] 胡庆芳，杨大文，王银堂，等. Hargreaves 公式的全局校正及适用性评价[J]. 水科学进展，2011，22(2)：160-167.
[176] DUNNE T, BLACK R D. Partial area contributions to storm runoff in a small New England Watershed[J]. Water Resources Research, 1970, 6(5): 1296-1311.
[177] ENGMAN E T. Roughness coefficients for routing surface runoff[J]. Journal of Irrigation and Drainage Engineering, 1986, 112(1): 39-53.
[178] EBERHART R, KENNEDY J. A new optimizer using particle swarm theory[C]//MHS'95. Proceedings of the Sixth International Symposium on Micro Machine and Human Science, 1995: 39-43.
[179] MCKAY M D, BECKMAN R J, CONOVER W J. A comparison of three methods for selecting values of input variables in the analysis of output from a computer code[J]. Technometrics, 2000, 42(1): 55-61.
[180] 叶华. 粒子群优化算法研究[D]. 西安:西安电子科技大学，2014.
[181] TARBOTON D G. A new method for the determination of flow directions and upslope areas in grid digital elevation models[J]. Water Resources Research, 1997, 33(2): 309-319.
[182] COSTA-CABRAL M C, BURGES S J. Digital elevation model networks (DEMON): A model of flow over hillslopes for computation of contributing and dispersal areas[J]. Water Resources Research, 1994, 30(6): 1681-1692.
[183] SAXTON K E, RAWLS W J. Soil water characteristic estimates by texture and organic matter for hydrologic solutions[J]. Soil Science Society of America Journal, 2006, 70(5): 1569-1578.
[184] 周锡成. 21 种行道树耐干旱性研究[J]，现代园艺，2017(15):35-37.
[185] GAVOR A, RATOMSKI E. Roughness coefficient in river channels

[J]. Hydrotechnical Construction, 1988, 22: 124-125.
[186] 高二鹏. 不同植被边坡糙率研究[D]. 北京:北京林业大学, 2014.
[187] 张蔚, 严以新, 郑金海, 等. 珠江河网与河口一、二维水沙嵌套数学模型研究[J]. 泥沙研究, 2006(6): 11-17.
[188] 许炜铭, 包芸. 珠江河口网河与河口湾二维水动力整体模拟计算[J]. 中国水运(下半月), 2009, 9(4): 129-131.
[189] STELLING G S. On the construction of computational methods for shallow water flow problems[M]. Hague: Rijkswaterstaat Communications, 1984.
[190] GROPP W. MPICH2: A new start for MPI implementations[C]//European PVM/MPI user's group meeting on recent advances in parallel virtual machine and message passing interface, 2002.
[191] 陈永平, 刘家驹, 喻国华. 潮流数值模拟中紊动粘性系数的研究[J]. 河海大学学报(自然科学版), 2002, 30(1): 39-43.
[192] MUIS S, VERLAAN M, WINSEMIUS H C, et al. A global reanalysis of storm surges and extreme sea levels[J]. Nature Communications, 2016, 7(1):1-12.
[193] 郑伟. 闽江下游南港航道整治工程特点与创新[J]. 中国水运(下半月), 2012, 12(10): 133-134.
[194] 刘剑秋. 闽江河口湿地研究[M]. 北京:科学出版社, 2006.
[195] 刘修德. 福建省主要海湾数模与环境研究:闽江口[M]. 北京:海洋出版社, 2009.
[196] 孙志林, 金元欢. 分汊河口的形成机理[J]. 水科学进展, 1996, 7(2): 144-150.
[197] 严以新, 高进, 宋志尧, 等. 长江口九段沙分流计算模式及工程应用[J]. 水利学报, 2001(4): 79-84.
[198] 金元欢, 沈焕庭. 科氏力对河口分汊的影响[J]. 海洋科学, 1993(4): 52-56.
[199] PARSONS D R, BEST J L, LANE S N, et al. Large river channel confluences[M]//River Confluences, Tributaries and the Fluvial Network. John Wiley & Sons, Ltd, 2008: 73-91.
[200] VOSSEN B V, UITTENBOGAARD R. Subgrid-scale model for quasi-

2D turbulence in shallow water[M]//Shallow flows. Taylor & Francis Group，2004：575-582.

[201] COLAGROSSI A，LANDRINI M. Numerical simulation of interfacial flows by smoothed particle hydrodynamics[J]. Journal of Computational Physics，2003，191(2)：448-475.

[202] 叶子国，李春红，王蕊，等. GFS降雨预报在古田流域洪水预报中的可用性研究[J]. 华电技术，2018，40(8)：1-4+77.